Elementos de Programación en C/C++ para Ingenieros Electrónicos

Elementos de Programación
en C/C++
para Ingenieros Electrónicos

Eduardo Destéfanis

Pje España 1467. B° Nueva Córdoba. Te/Fax: 54-351-4680913. (5000) Córdoba. Argentina. Email: univer@cmefcm.uncor.edu

Diseño de Tapa: Ing. Jorge G. Sarmiento
Autoedición: Marcelo Tejerina
Producción Gráfica: Universitas.

SERIE INGENIERIA ELECTRONICA
Elementos de programación en C/C++

Hecho el depósito que marca la ley 11.723.

Indice

INDICE...5

1. INTRODUCCIÓN..9
  1.1. UN ENFOQUE INDEPENDIENTE PARA LOS LENGUAJES C Y C++..9
  1.2. INTÉRPRETES Y COMPILADORES. ENLAZADORES..10
  1.3. MODELOS DE CODIFICACIÓN DE PROGRAMAS 11

2. CONCEPTOS BÁSICOS DE C 13
  2.1. FORMA GENERAL DE UN PROGRAMA EN C...13
  2.2. COMENTARIOS..13
  2.3. TIPOS DE DATOS PREDEFINIDOS...13
  2.4. CASTING 14
  2.5. INDENTACIÓN (SANGRÍA) 15
  2.6. CALIFICADORES DE TIPO 15
  2.7. OPERADORES LÓGICOS 15
  2.8. OPERADORES DE RELACIÓN...16
  2.9. OPERADORES ARITMÉTICOS..16
  2.10. OPERADORES DE INCREMENTO/DECREMENTO..16
  2.11. SECUENCIAS DE ESCAPE..17
  2.12. BASES NUMÉRICAS 17
  2.13. CONSTANTES 18
  2.14. CONSTANTES DE CADENA Y DE CARACTER..18
  2.15. ENTRADA Y SALIDA DE DATOS ESTANDAR 19
  2.16. FORMATOS..19
  2.17. PRECEDENCIA...20
  2.18. CONSTANTES SIMBÓLICAS Y DIRECTIVAS DEL COMPILADOR 20
  2.19. DIRECTIVAS CONDICIONALES 21
  2.20. ESTRUCTURAS DE CONTROL 21
    2.20.1. Estructura de bifurcación condicional: If 21
    2.20.2. Estructuras repetitivas 21
    2.20.3. Bifurcación incondicional: Goto 24
  2.21. ESPECIFICADORES DE CLASE DE ALMACENAMIENTO 24

3. FUNCIONES, PARÁMETROS Y PUNTEROS 27
  3.1. FUNCIONES. CLASIFICACIÓN...27
  3.2. FUNCIÓNES SIN PASO DE PARÁMETROS..27
  3.3. FUNCIONES CON PASO DE PARÁMETROS POR VALOR 28
  3.4. PUNTEROS 28
  3.5. FUNCIÓNES CON PASO DE PARÁMETROS POR REFERENCIA 29
  3.6. FUNCIONES CON Y SIN RETORNO...29
  3.7. FUNCIONES QUE RETORNAN PUNTEROS Y PUNTEROS A FUNCIONES 31
    3.7.1. Punteros a funciones...32
  3.8. ANÁLISIS GRAMATICAL...33
    3.8.1. Otros ejemplos de análisis gramatical: 33
  3.9. INTERRUPCIONES POR HARDWARE..34
    3.9.1. Rutinas de servicio de interrupción. Gestión de la interrupción. 34
    3.9.2. Tabla de vectores de interrupción: 34
    3.9.3. Reconocimiento...35
    3.9.4. Habilitación e inhabilitación de interrupciones...35

4. RECURSIÓN 39

    4.1. CONCEPTO...39
    4.2. LA CONDICIÓN DE FINALIZACIÓN...40
    4.3. VENTAJAS Y DESVENTAJAS...40
    4.4. EJEMPLOS..41
        4.4.1. El factorial 41
        4.4.2. La sucesión de Fibonaci (Recursión doble) 42
        4.4.3. La Función Potencia de exponente entero.............................43
        4.4.4. El algoritmo de Euclides 44
        4.4.5. Las Torres de Hanoi 45

5. TIPOS DE DATOS ESTRUCTURADOS 47

    5.1. TIPOS DE DATOS ESTRUCTURADOS...47
    5.2. EJEMPLOS..48

6. ARREGLOS...51

    6.1. CONCEPTO...51
    5.2. ARITMÉTICA DE PUNTEROS...53
    6.3. VECTORES Y ALMACENAMIENTO DINÁMICO EN MEMORIA 55
    6.4. PASO DE VECTORES A FUNCIONES 56
    6.5. VECTORES DE PUNTEROS..58
    6.6. PUNTEROS A PUNTEROS 59
    6.7. ARREGLOS BIDIMENSIONALES...59
    6.8. PASO DE MATRICES A FUNCIONES 60
    6.9. NOTACIÓN VECTORIAL DE MATRICES 61
    6.10. VECTORES Y CLASES...62

7. CADENAS DE CARACTERES...63

    7.1. CONCEPTO...63
    7.2. OTRAS FUNCIONES DE STRING.H 64

8. ESTRUCTURAS 65

    8.1. CONCEPTO...65
    8.2. APLICACIONES..65
    8.3. SINTAXIS..66
        8.3.1. Forma general:...66
    8.4. DEFINICIÓN DE "TIPOS CON NOMBRE" Y "TIPOS SIN NOMBRE"...................................66
    8.5. SELECTOR DE CAMPO 67
    8.6. ANIDAMIENTO DE ESTRUCTUTURAS 67
    8.7. TYPEDEF 68
    8.8. PUNTEROS A ESTRUCTURAS. PASO DE PARÁMETROS 68
    8.9. OPERADOR "FLECHA" 69

9. CAMPOS DE BIT 71

    9.1. CONCEPTO...71
    9.2. LIMITACIONES..71
    9.3. RECUBRIMIENTO (PADDING) 72
    9.4. LAYOUT Y ALINEAMIENTO 72
    9.5. EMPLEO DE CAMPOS DE BIT DE UN BIT CON SIGNO 73
    9.6. COMPATIBILIDAD 74

10. UNIONES..75

    10.1. CONCEPTO, SINTAXIS Y EJEMPLOS...75

11. OPERADORES BINARIOS...77

    11.1. OPERADORES LÓGICOS..77
    11.2. DETERMINAR SI UN BIT ESTA EN 1 78
    11.3. PONER UN BIT A 1 78

11.4. PONER UN BIT A 0 79
11.5. OPERADORES DE CORRIMIENTO 79

12. ESTRUCTURAS DINÁMICAS DE DATOS 81

12.1. INTRODUCCIÓN 81
12.2. APLICACIONES 81
12.3. NODO. CONCATENACIÓN DE NODOS 81
12.4. ÚLTIMO-EN-ENTRAR-PRIMERO-EN-SALIR. ALGORITMO PARA ALMACENAR DATOS 83
12.5. CODIFICACIÓN 85
12.6. PRIMERO-EN-ENTRAR-PRIMERO-EN-SALIR. ALGORITMO PARA ALMACENAR DATOS 85
12.7. CODIFICACIÓN 87
12.8. LISTA DOBLEMENTE LIGADA. ALGORITMO PARA ALMACENAMIENTO DE DATOS 88
12.9. CODIFICACIÓN 90
12.10. ÁRBOLES Y ÁRBOLES BINARIOS 90
12.10.1. Introducción 90
12.10.2. Elementos constructivos de un árbol binario 91
12.11. EJEMPLOS DE APLICACIÓN 94

13. ARCHIVOS 97

13.1. GENERALIDADES 97
13.1.1. Corrientes 97
13.2. RELACIÓN ENTRE SENTENCIAS, CORRIENTES Y MODO DE ACCESO EN LENGUAJE C 98
13.3. REGLAS DE SINTAXIS EN C. 98
13.4. PARÁMETROS 99
13.4.1. Cierre de archivos (corrientes) 100
13.5. BIBLIOTECA ESTÁNDAR 100
13.6. CORRIENTES ESTÁNDAR 101
13.7. ARCHIVOS BINARIOS Y ACCESO ALEATORIO 102
13.8. ACCESO ALEATORIO - FSEEK() ....Y REWIND()
103
13.9. FIN DEL ARCHIVO 103
13.9. FUNCIONES WINDOWS API PARA E/S 104
13.10. EJEMPLO DE MANEJO DE EXCEPCIONES TRY Y CATCH 105
13.11. SISTEMAS VISUALES 106

14. PROGRAMACIÓN ORIENTADA A OBJETOS. C++ 107

14.1. CONCEPTOS INTRODUCTORIOS 107
14.2. CLASES Y MIEMBROS 108
14.2.1. Definiendo el tipo class 108
14.2. CONSTRUCTORES 110
14.3. SOBRECARGA DE FUNCIONES MIEMBRO DE UNA CLASE 111
14.4. SOBRECARGA DE FUNCIONES CONSTRUCTORAS 113
14.5. OPERADORES DE EXTRACCIÓN (>>) E INSERCIÓN (<<) 113
14.6. DESTRUCTORES: OPERADORES NEW Y DELETE 115
14.7. PUNTEROS A CLASES - EL OPERADOR NEW 116
14.8. RETORNO DE LA CLASE DESDE UNA FUNCIÓN MIEMBRO 118
14.9. FUNCIONES AMIGAS 118
14.10. CLASES DERIVADAS 121
14.11. SOBRECARGA DE OPERADORES 123
14.12. REFERENCIAS 124
14.12.1. Referencias y punteros 125
14.12.2. Referencias a clases 125
14.13. PASO DE REFERENCIAS Y PASO POR REFERENCIA 126
14.14. OBJETOS DE CLASES DERIVADAS Y PUNTEROS 126
14.14.1. Accesibilidad entre distintas jerarquías 127
14.15. FUNCIONES VIRTUALES 127
14.15.1. Clases abstractas y funciones virtuales puras 127
14.17. CLASES DERIVADAS Y PUNTEROS A LAS CLASES.- POLIMORFISMO 129

14.18. PUNTERO THIS 131
14.19. ESQUEMA GENERICO DE CLASES DERIVADAS Y PUNTEROS 131
15. ENTORNOS VISUALES C/C++ 133
15.1. INTRODUCCIÓN 133
15.2. DEFINICIONES 136
15.3. EXTENSIÓN DEL CÓDIGO 137
15.4. CONCEPTOS ASOCIADOS AL DISEÑO DE COMPONENTES DE TIPO FICHA O FORMULARIO 137
15.5. EJEMPLOS DE COMPONENTES USUALES 139
15.5.1. Componente de "edición de texto": 139
15.5.2. Componente de Agrupamiento. Ejemplo sin código asociado (sin acciones) 140
15.5.3. Componentes de botones de radio: 140
15.5.4. Componente de barra deslizante 141
15.5.5. Dibujo de primitivas geométricas y mapas de bits 142
16. PUERTOS E/S 147
16.1. EL USO DE PUERTOS MEDIANTE LENGUAJE C 147
16.2. PUERTOS Y CHIPS DE APOYO 147
16.3. PALABRAS DE CONTROL 148
16.4. LECTURA DE PUERTOS 149
16.4.1. Codificar un generador de onda cuadrada para el puerto 768. 150
17. PUERTO PARALELO 153
17.1. INTRODUCCIÓN 153
17.2. REGISTRO DE ESTADO 153
17.3. REGISTRO DE CONTROL 154
17.4. COMUNICACIÓN A TRAVES DEL PUERTO PARALELO (NIBBLES) 155
17.5. USO DE LIBRERIAS EN EL SISTEMA WINDOWS NO BASADO EN DOS (NT/2000) 156
18. PUERTO SERIE 159
18.1. INTRODUCCIÓN 159
18.2. QUE SON LAS COMUNICACIONES SERIALES? 159
18.3. QUE ES RS232? 159
18.4. DEFINICIONES DE SEÑAL 160
18.5. FULL DUPLEX Y HALF DUPLEX 160
18.6. FLOW CONTROL 161
18.7. QUE ES UN BREAK? 161
18.8. MODOS DE CONEXIONADO 161
18.9. PARÁMETROS DE TRANSMISIÓN Y TRAMA (FRAME) 163
18.10. TRANSMISIÓN ASÍNCRONA 164
18.11. REGISTROS DE LA UART 165
18.12. REGISTROS DE CONTROL 166
18.13. REGISTROS DE ESTADO 168
18.14. CODIFICACIÓN DE COMUNICACIÓN VIA UART FULL DÚPLEX (PROGRAMACIÓN DIRECTA) 168
18.15. HANDSHAKING BAJO BIOS 169
18.16. FUNCIÓN BIOS_SERIALCOM 170
18.17. FUNCIONES WINDOWS API PARA COMUNICACIÓN SERIAL 171

1

Introducción

1.1. Un enfoque independiente para los lenguajes C y C++

Este material esta destinado a proveer conocimientos de informática apropiados a todos aquellos que requieran una formación sólida en programación de nivel medio, con las relaciones que eventualmente se requieran con el bajo y alto nivel. Este tipo de programación esta particularmente relacionada con una amplia gama de dispositivos electrónicos digitales que son usualmente programados en lenguajes assembler, C y C++.

Este libro esta referido a los dos últimos (C/C++), cuya importancia se debe principalmente a las siguientes razones:

1. Extensión de uso. La gran mayoría de los sitemas operativos han sido desarrollados en estos lenguajes, los complejos códigos fuente que suministran los fabricantes de PLC (Controlador Lógico Programable) capaces de administrar redes jerárquicas, las que pueden ser reprogramadas para adaptarlas a problemas particulares de una fábrica determinada, también emplean C/C++, la programación de DSP (Procesadores Digitales de Señal), µC (Microcontroladores), Sistemas Embebidos, etc. también hacen uso masivo de estos lenguajes.

2. Lenguaje de referencia. Una enorme cantidad de software y compiladores avanzados tienen una clara "reminiscencia" con C/C++, por lo que el conocimiento de estos lenguajes facilita notablemente el empleo de aquellos.

Con respecto al modo de introducir estos lenguajes, este libro propone un enfoque propio. Esto debe interpretarse cuidadosamente, pues, a menudo quien toma a su cargo una tarea creadora, (como pueden ser proyectos de ingeniería, trabajos de investigación, obras de arte, manuscritos, y otros) suele creer fervientemente, que su obra, su visión, son únicas en algún aspecto. Algunas veces con seguridad que esto es asi, mientras que en otras se trata quiza simplemente de un orgullo un tanto excesivo que el autor siente por su propia visión o por su propia obra. Esto es particularmente notorio, en el caso de ciertos apasionados estudiantes de ingeniería, quienes tienden a priorizar la sofisticación del producto frente a cosas tan críticas como el costo del mismo, por mencionar solo una.

Retornando al enfoque de este manuscrito, y sin pretender para este un lugar especial en la constelación de libros que tratan los mismos temas, sí hay un aspecto que el autor cree necesario resaltar pues hace a la formación de quienes se desempeñarán en el área electrónica. Esto tiene que ver con el hecho de que en algunos temas, tales como microcontroladores, el desarrollador se ve beneficiado por cierto con el empleo de compiladores C estandar, mientras que en otros, tales como sistemas basados en computadores, se requiere el empleo de C++ o sistemas similares. Es conveniente entonces demarcar con precisión la frontera entre C y C++, es decir conocer que elementos pertencen al lenguaje C y cuales a C++, a los efectos de poder desempeñarse en aquellos casos en que solo es posible emplear el lenguaje C y no la combinación C/C++. Si bien esto es sencillo, contradice el enfoque de la enorme mayoría de los autores que por estos días tratan estos temas, quienes, por la necesidad de reducir el espacio dedicado a estos temas, unifican la enseñanza de C, C++ y los compiladores visuales basados en los mismos.

1.2. Intérpretes y compiladores. Enlazadores

Para comprender mejor los temas a tratar es conveniente repasar algunos conceptos generales, uno de estos tiene que ver con los modos en que pueden desarrollarse y emplearse los lenguajes de programación. Existen dos variantes principales: Intérpretes y Compiladores.

Los intérpretes permiten que cada sentencia pueda ser ejecutada independientemente de las demás, pudiéndose obtener la información sobre la ejecución de la misma. Un programa se construye en este caso simplemente agrupando sentencias que podrían ser ejecutadas en forma independiente. De este modo cada sentencia es traducida al lenguaje de máquina y ejecutada en forma individual. Este procedimiento da como resultado programas que presentan ventajas y desventajas con respecto a aquellos realizados con compiladores. Entre las desventajas se destaca la lentitud con que se ejecutan los programas, (en comparación con los compilados) lo cual los hace inaplicables en general para procesos que deban resolverse en tiempo real. Entre las ventajas pueden citarse la facilidad para depurar los códigos, la facilidad para aprenderlos, la posibilidad de realizar procesos que son inviables en un compilador, como por ejemplo que un programa al ejecutarse pueda generar el código de un nuevo programa, y correrlo automáticamente y la mayor simplicidad del proceso de implementación de un intérprete.

Algunos ejemplos de intérpretes característicos son lenguajes de programación para expandir las prestaciones de determinados tipos de software, como por ejemplo lenguajes para expandir (desarrollar aplicaciones), programas de aplicación matemática (MatLab), programas de CAD electrónico (Orcad), etc.

Los compiladores en cambio requieren que todo el código de un programa este presente para que este pueda ser compilado. Como el significado de compilar se asume en este caso como el de traducir, los compiladores traducen el código escrito por el programador (código fuente) a otro código denominado código objeto, el cual no es susceptible de ser directamente ejecutado por el procesador. En vez de eso se requiere de un segundo proceso, denominado enlace o "linkado", en el cual pueden incorporarse otros códigos al programa original que pueden ser necesarios para su ejecución. A partir de este último procedimiento se obtiene un código final denominado precisamente ejecutable por ser el que realmente puede ejecutarse en el computador.

El proceso de compilación se muestra en la Fig I.1 siguiente. En la fase de linkado se ejemplifica la anexión de archivos .LIB y .DLL. Los archivos .LIB contienen rutinas que por haber sido ya compiladas estan en código objeto y por lo tanto resultan ilegibles. A menudo se distribuye con este formado el software de control (software driver) de placas de acceso a periféricos, con documentación para poder llamar a las funciones contenidas en la librería. Las .LIB son reconocidas e incorporadas por el programa enlazador (linker) al código ejecutable resultante. Las DLL funcionan en forma similar pero en principio han sido diseñadas para no ser incluidas en el ejecutable, sino para ser empleadas por este pero compartiéndolas con otros programas. Una diferencia importante es que las .LIB son reconocidas como un componente estándar de C en el sentido de que cualquier C puede hacer empleo de estas (en algunos compiladores se requiere alguna adaptación mínima), mientras que las que emplean la extensión .DLL han sido creadas para uso exclusivo de un SO (Windows), es decir corresponden a un producto determinado y no a un estandar acordado por varias industrias. Desde luego podría plantearse aquí la pregunta si en la era de la llamada globalización, y en el caso de un Sistema Operativo como Windows, no existe una estandarización de hecho, quizá mas extendida que muchas de las normas desarrolladas por ingenieros, empresas y estados a traves de muchas décadas.

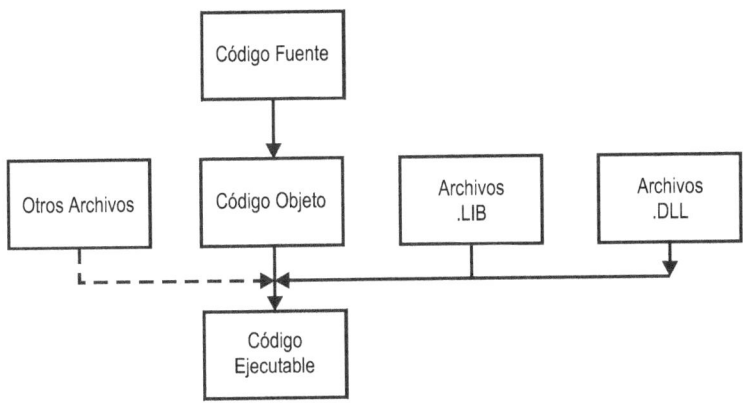

Figura 1-1 Esquema general de un proceso de compilación

1.3. Modelos de codificación de programas

Como es de público conocimiento, el desarrollo de las computadoras ha estado en constante expansión a través de varias décadas, parámetros tales como velocidad de procesamiento, capacidad de almacenamiento, estandarización de componentes, sofisticación de acceso a periféricos etc. han evolucionado sin pausa. Esto ha influido directamente en el modo en que se organiza el código de los programas, con lo que han surgido los llamados Paradigmas (Modelos) de Programación.

Inicialmente los programas se codificaban como una simple secuencia de órdenes donde en realidad lo único que interesaba es que al probarlo con los datos con que se suponía habría de trabajar el programa corriera sin bloquearse dando los resultados esperados. La explicación y otras informaciones sobre el programa (Documentación), se anotaban en papel y se almacenaban en carpetas las que a su vez se guardaban en ficheros comunes.

Al disminuir los costos y aumentar las prestaciones de las computadoras fue posible codificar programas de mayor extensión, con la participación de un mayor número de personas en su desarrollo. De este modo resultó muy importante que todos aquellos integrantes de un mismo equipo, pudieran comprender y modificar eficientemente los programas, asi como desarrollar diferentes módulos que luego funcionaran correctamente en un mismo software. Las primeras ideas universalmente aceptadas tienen que ver con la Programación Estructurada y Modular (PEM), uno de cuyos mentores mas reconocidos fue Niklaus Wirth, quien siendo profesor de una universidad alemana desarrollara el lenguaje Pascal. El título de su libro mas famoso "Algoritmos + Estructuras de Datos = Programas" sintetiza uno de los aspectos relevantes de la PEM. Significa entre otras cosas que la selección de la correcta organización de los datos en un programa es tan importante como elegir el algoritmo apropiado. De esta idea surgen las denominadas "Estructuras de Datos" que se explican oportunamente.

Otro aspecto fundamental de la programación estructurada y modular es que el código se agrupa en bloques, estos bloques pueden ubicarse en forma anidada (unos dentro de otros) o secuencial, y se vinculan a traves de la única entrada y la única salida de información que poseen. Los lenguajes de mayor aplicación en problemas reales (C, Pascal, Basic, Fortran, etc.) comienzan entonces a ser escritos de modo que obliguen o encuadren al programador a codificar de este modo. Existen otros aspectos sobre los que no vale la pena extenderse en este párrafo. Sí debe tenerse presente que en programación de bajo nivel, íntimamente vinculada a los dispositivos electrónicos programables, es común que la codificación no sea ni siquiera estructurada, por lo cual la validez de los preceptos de la programación estructurada debe ser evaluada en cada caso si de proyectos en electrónica se trata.

Para explicar lo dicho tomemos el caso de una vieja y conocida sententcia: "GoTo". Como es genralmente conocido esta es una sentencia de bifurcación incondicional, y su empleo exagerado en un mismo program puede llevar a que el programa sea ininteligible. En general los libros de programación de computadores, siguiendo los lineamientos de la PEM nos dicen que no debe emplearse nunca la sentencia "GoTo". Si bien es cierto que su uso excesivo es nefasto, puede resultar interesante en un programa escrito en lenguaje ensamblador, y quienes programan en ensamblador, alivian su tarea actualmente progamando con frecuencia en C en lugar de ensamblador... y llevan sus métodos de manejo de la información de bajo nivel a sus códigos en C... y encontramos algunos (pocos por programa) GoTo que no afectan realmente la calidad del código.

Otro ejemplo lo constituyen las variables globales. El empleo de subprogramas en la programación al programador un cierto nivel de "encapsulamiento" a traves de las variable locales, (se evitan conflictos con otras variables que accidentalmente pudieran tener el mismo nombre). Por este motivo se postula que las variables globales "deben evitarse siempre que sea posible" o minimizarse. Sin embargo el proceso de crear una variable local al llamar a una función, y destruirla al salir de esta, consume mucho tiempo de procesamiento, y esto puede ser nefasto en un programa que requiera procesar información en tiempo real, en el cual puede ser conveniente emplear una cantidad importante de variables globales (Por supuesto la extensión del código no puede ser excesiva).

Siguiendo con este ejemplo, otro "principio" aplicado actualmente en programación, descomponer el código en funciones muy elementales, también puede estar contraindicado en procesamiento de información en tiempo real, debido al tiempo perdido para cargar y descargar las funciones a ejecutar. En alguna medida esto podría solucionarse con el empleo de "Macros" lo que se explica mas adelante para el lenguaje C haciendo uso de la directiva del preprocesador #define.

Existen otros aspectos importantes para aumentar la velocidad de ejecución de los programas mencionados, pero que ya no tienen que ver con programación estructurada y se ven mas adelante.

Luego de la PEM se adoptó universalmente para la programación de computadores la Programación Orientada a Objetos (POO), la cual es tratada en un capítulo específico en este libro por lo que no es discutida aquí. La POO no reemplaza a los conceptos de la PEM sino que los incorpora.

Estas dos, PEM y POO sirven de base a la codificación de recursos que a menudo son descriptos como paradigmas de programación pero que en realidad son aplicaciones de los métodos ya mencionados, entre los que podemos mencionar la programación Visual, la programación Interactiva y la programación Orientada a Eventos. Mas adelante se brinda una introducción sobre estas.

Las metodologías mencionadas son las que han tenido mayor aplicación, aceptación y difusión. Existen muchos otros paradigmas de programación de otra naturaleza que exceden el alcance de esta publicación.

2

Conceptos Básicos de C

2.1. Forma general de un programa en C

En este capítulo se efectúa una reseña de los conceptos básicos del lenguaje C, con los que se supone que el lector está ya familiarizado.

```
/* Preprocesador, directivas del compilador */

# include <stdio.h>
/* Prototipos de funciones */

/* Variables globales */

main( ) {                          /* Programa principal */
        int a,b,suma;
        scanf ( "%d, %d", &a, &b);
        suma = a + b;
        printf("El resultado es %d", suma);
}

/* Definiciones de funciones */
```

La organización básica de un programa en C es como sigue:

2.2. Comentarios

Los comentarios se codifican en C del siguiente modo: /* comentario */

y en C++:   // comentario

En compiladores C/C++ habitualmente pueden emplearse ambos aunque se recomienda no combinarlos en el mismo código.

2.3. Tipos de datos predefinidos

Tipos y tamaños usuales (expresados en número de bits) (Definidos en los headers)

        Char   8

Int   8/16

Float   32 o mayor

Double   64 o mayor

Podríamos visualizar los tamaños de datos empleando el operador sizeof() como muestra el siguiente código:

```
#include <stdio.h>
int main( void ) {

        printf( "sizeof( char ) = %d\n", (int) sizeof( char   ) );
        printf( "sizeof( int  ) = %d\n", (int) sizeof( int    ) );
        printf( "sizeof( float )= %d\n", (int) sizeof( float ) );
        printf( "sizeof( long ) = %d\n", (int) sizeof( double) );
        return 0;
}
```

La salida con printf() es solo válida para la consola del sistema. Para comprender mejor a que se denomina consola del sistema, es necesario recordar que es posible emplear el display de un computador en dos modos diferentes: modo texto y modo gráfico.

Se emplea mayormente el segundo, sin embargo algunas ventanas y/o pantallas emplean modo texto, como por ejemplo el sistema DOS (consola del DOS), Linux (consola de Linux) o Unix (Consola del Unix).

Estos últimos y otros casos semejantes son ejemplos de lo que se suele denominar consola del sistema. Es decir que se refiere a la pantalla completa o parte de esta que es empleada en modo texto y no en modo gráfico como una ventana común por los sistemas operativos para operar en determinadas situaciones.

Precisamente entonces la salida con printf() es válida solo cuando la pantalla o parte de esta esta operando en modo texto.

2.4. Casting

Se denomina Casting (o también operadores de Cast) al empleo de códigos consistentes en tipos de datos encerrados entre paréntesis. Estos van escritos inmediatamente antes de una variable y permiten modificar su tipo según las necesidades del programa. (Es muy costoso en tiempo de procesamiento y esto lo hace prohibitivo para ciertas aplicaciones en tiempo real).

Las siguientes líneas modifican un tipo int para almacenarlo en un tipo char:

```
....
int a = 2;
char b;
b = (char) a;
....
```

Mas adelante emplearemos el siguiente Cast, el cual nos sirve ahora para mostrar que existen casos algo mas elaborados:

```
p = (struct autoref *) malloc (sizeof (*p));
```

2.5. Indentación (sangría)

Es obviamente independiente del lenguaje, y consiste en aumentar el margen inicial en función de la anidación.

```
{ . . .
   { . . .
      { . . .
      } . . .
   } . . .
} . . .
```

2.6. Calificadores de tipo

Signed

Unsigned

Short

Long

Los dos primeros son solo para tipos integrales, lo cual puede comprenderse recordando que su empleo en las operaciones elementales de aritmética binaria, donde el bit mas significativo determina el signo (MSB / LSB):

0	-> positivo	0001 -> 1d
1	-> negativo	1001 -> -1d (sería en complemento a uno)

debe tenerse en cuenta además,

El **complemento a uno** de un número binario se obtiene reemplazando 1 por 0 y 0 por 1

Com 1001 = 0110

El **complemento a dos** se obtiene complementando a uno y sumando 1

1d	->	0001
-1d	->	1110 + 1 = F

De cualquier modo el bit de la izquierda determina el signo en ambos casos (complemento a 1 y a 2)

2.7. Operadores lógicos

Se codifican del siguiente modo:

AND	&&
OR	||
NOT	!

2.8. Operadores de relación

igual	==
no igual	!=
menor o igual	<=
mayor o igual	>=
estrictamente menor	<
estrictamente mayor	>

2.9. Operadores aritméticos

%	Solo para tipos intergrales. Da el residuo.
/	Divide con resultado entero o flotante según los argumentos
*	Producto
+	Suma
-	Sustracción

```
/* Uso del operador % */

#include <stdio.h>
int main( void ) {
   int  i;
   for ( i = 1; i <= 20; i++ )    {
        printf( "El número  %d es ", i );
        if( (i % 2) == 0 ) printf( "par " );
           else   printf( "impar " );
        if((i%3)  == 0 )printf( "y es múltiplo de 3" );
        printf( ".\n" );
   }
   return 0;
}
```

2.10. Operadores de incremento/decremento

Estos se codifican como (--) o (++) y permiten incrementar o decrementar en una unidad a la variable a la que están asociados en el código. Esta asociación se codifica adjuntando el operador antes o después del nombre de la variable, por ejemplo, suponiendo que i es una variable de tipo entero:

++i   i++   --i   i--

La variable se ha supuesto de tipo entera debido a que estos operadores son solo para tipos integrales.

Según el operador sea adjuntado antes o después del nombre de la variable se realiza primero la operación de incremento/decremento o la operación en cuya sentencia es empleado el operador incremento/ decremento.

```
main ( ) {

        int val, val1 = 3, val2 = 3;
        val = val1--;                   /*primero asigna y luego decrementa*/
        printf ( "val = %d,  val1 = %d", val, val1);
        val = --val2;                 /*primero decrementa y luego asigna*/
        printf ( "val = %d,  val2 = %d", val, val2);
}
```

2.11. Secuencias de escape

El símbolo (\ ) puede intercalarse en cadenas de caracteres de las sentencias de e/s para controlar operaciones de e/s. El código empleado luego de \ determina la operación de control a efectuar, por ejemplo:

\n	nueva línea
\t	tabulación horizontal
\\	contrabarra
\r	retorno de carro
\v	tabulación vertical
\a	campanilla
\ooo	-> número octal (oo)
\xhh	-> número hexadecimal (hh)

2.12. Bases numéricas

Dado que los circuitos digitales operan en código binario (base 2), y esto genera interminables cadenas de ceros y unos, es deseable emplear un código mas compacto para que el mismo pueda ser mas fácil de manipular (leer, escribir, interpretar, etc.) por los programadores.

Por este motivo se emplean en programación de bajo nivel los denominados códigos hexadecimal (base 16) y octal (base 8), fundamentalmente el primero.

Recordemos que un número decimal esta basado en las potencias de 10 y puede escribirse:

$$274_{(10)} = 2x10^2 + 7x10^1 + 4x10^0$$

de igual modo en otra base por ejemplo 16 (hexadecimal) se emplean las potencias de la base, lo que permite pasar de una base foránea a base 10:

$$274_{(16)} = 2x16^2 + 7x16^1 + 4x16^0 = 2x256 + 7x16 + 4 = 628$$

Para efectuar la conversión inversa, de base decimal a foránea se sigue un camino opuesto:

Buscamos la potencia de la base que es menor que el número ($16^2 = 256$)

$$728 - 256 = 472 \qquad\qquad 472 - 256 = 216$$

$$216 - 16 = 200 \qquad 200 - 16 = 184 \qquad 184 - 16 = 168 \qquad 168 - 16 = 142 \qquad 142 - 16 = 126$$

$$126 - 16 = 110 \qquad 110 - 16 = 94 \qquad 94 - 16 = 78 \qquad 78 - 16 = 62 \quad 62 - 16 = 46 \quad 46 - 16 = 30$$

$$30 - 16 = 14$$

de donde surge $2 \times 16^2 + 12 \times 16^1 + 14 \times 16^0$

lo que puede expresarse $2CE_{(16)}$ considerando que los digitos hexa se codifican como:

$$0\ 1\ 2\ 3\ 4\ 5\ 6\ 7\ 8\ 9\ A\ B\ C\ D\ E\ F$$

A los efectos prácticos de la programación, para manejarse con codigos hexadecimales resulta mas sencillo considerar que un byte (8 digitos binarios) esta dividido en dos partes, cada una con valores que pueden ir de cero a 16, con lo cual un byte puede expresarse mediante dos digitos hexadecimales los que son fácilmente calculables en todos los casos.

Por ejemplo: $\qquad\qquad 00101100 = 0010 - 1100 = 1C_{(16)}$

Lo mismo vale para dos o mas bytes.

En lugar del paréntesis (16) se emplea a menudo una letra h o H luego del numero hexa, por ejemplo 12h evitaria suponer que se trata simplemente del valor 12 decimal.

A menudo es conveniente, sin embargo escribir valores decimales en lugar de hexadecimales en los programas pues los compiladores son mas estrictos en cuanto al tamaño del dato con código hexadecimal.

2.13. Constantes

Las constantes pueden ser definidas en estos sistemas, a saber:

Octal, si la constante comienza con o y hexadecimal si comienza con 0x, por ejemplo:

$$31 \text{ (dec)} \qquad\qquad o37 \text{ (octal)} \qquad\qquad 0x1F \text{ (hexa)}$$

Se pueden combinar con los calificadores, por ejemplo: 0xdUL indica un formato hexadecimal entero Unsigned Long

2.14. Constantes de cadena y de caracter

Las constantes de cadena se escriben en casi todos los lenguajes, inclusive C y C++, entre comillas. Por ejemplo: *"esto es una cadena"*

En el caso particular de C existe la posibilidad de expresar valores de tipo carácter, los cuales deben ir entre apóstrofes, por ejemplo: 'a'

Estos caracteres pueden ser dados también en codigo hexa u octal empleando los códigos \x o \o , por ejemplo: '\xhh' '\ooo'

Por otro lado el valor de 'A' en lenguaje C es igual a 65. Es decir representa un valor igual al valor numérico en el conjunto de caracteres de la máquina (ASCII).

Debe tenerse presente que en lo que hace a la programación de computadores, algunos sistemas operativos (Windows) emplean tablas de caracteres muy extendidos con respecto al ASCII, lo que implica manejos adicionales (y funciones asociadas) para manipular cadenas y caracteres.

2.15. Entrada y Salida de datos estandar

A los efectos de dar generalidad a los temas y unidades siguientes, es conveniente explicar que los ejemplos dados en el resto de este material para programación en C, en su mayoría son válidos para C++ y entornos visuales con solo cambiar la e/s estandar, (teclado/monitor) por ejemplo:

`Cin/cout`	para C++ empleando el header iostream.h
`ShowMessage()`	para salida en Builder C/C++
`MessageBox()`	salida de API de windows
`InputBox(),`	etc.

Algunas funciones clásicas de C son las siguientes:

`scanf`	`printf`	`putch(char c)`	`getch(),`
`putchar(char c)`	`getchar()`	`puts(string s)`	`gets()`

A medida el código que escribimos se "aleja" de C disminuye el grado de estandarización de este código, asi algunas de las funciones de e/s mostradas tienen validez universal para C, otras tienen validez universal para para C++, otras para un sistema operativo determinado y sus compiladores de diversas marcas (Windows) e incluso algunas solo son válidas en un compilador determinado (Builder).

2.16. Formatos

En C estandar el símbolo % puede ser seguido de ciertos códigos para formatear la e/s.

Ejemplos:

%d	entero decimal
%f	real
%e	exponencial
%x	hexa
%o	octal
%u	unsigned

%lf	long float
%2.1d	2=amplitud, justifica a la derecha y rellena con espacios
	1=precisión
%s	cadena (para el tipo cadena definido en string.h)

Estos formatos son obviados en las funciones de e/s de C++, o bien pueden emplearse ciertas funciones que se verán oportunamente (funciones miembro de clases fundamentales de los sistemas operativos en ciertos casos) para manipular los formatos.

En sistemas de los denominados "Visuales" la e/s se efectúa básicamente como manipulación de cadenas de caracteres, las que luego son decodificadas por los programas (parsing) para evaluarlas y validarlas como los tipos de datos deseados. Por lo tanto estos caracteres de formato propios del C no se emplean al programarse directamente en un sistema "visual C/C++".

2.17. Precedencia

Se denomina así al sentido en que deben leerse y asociárselos componentes del código para extraer su significado. En C es generalmente (en la mayoría de los códigos) de izquierda a derecha, y de arriba hacia abajo.

2.18. Constantes Simbólicas y Directivas del Compilador

Directiva #define

Permite dar nombres a constantes. Por ejemplo:

```
#define LOWER 0

#define BIP '\007'
```

La directiva "#define" permite asimismo definir macros que reciben parámetros.

Macros Son funciones que se ejecutan mas rápidamente que las rutinas que son declaradas de la manera usual. Esto se debe a que al evitan la carga reitarada para el denominado solapamiento – overlay-.

Para explicar esto con mayor claridad, puede decirse que, cuando se ejecuta el programa, este carga las funciones a medida que las debe emplear.

Estas funciones se cargan (se copian) en una zona de memoria reservada a tal efecto. Frecuentemente, las funciones de un programa requieren mas memoria que la que se asigna para la carga de las mismas y entonces estas deben cargarse en zonas en que previamente fueron cargadas otras. De este modo las que fueron cargadas en primer término dejan de estar disponibles en forma inmediata, y, si vueleven a ser llamadas desde el programa deben cargarse nuevamente. Todo este proceso denominado solapamiento (porque se copian unas funciones sobre otras) implica una pérdida en la velocidad de ejecución de los programas.

```
#include <stdio.h>

#define abs(valor) ((valor) >= 0 ? (valor) : -(valor)) /* macro */
```

```
main()   {
      int val = -20;
      printf ("Resultado: %d\n", abs(val));

}
```

Directiva #undef

Permite anular una definición de variable o macro existente. Estos elementos son comunes a muchos lenguajes y e intérpretes de software de aplicación. Por ejemplo el valor de la constante trigonométrica PI esta definido en los headers del C. Podríamos redefinir su valor lo que equivale a modificar el funcionamiento de un software desarrollado por terceros. Esto es así aún si se trata de librerias precompiladas e incluso en ciertos casos (intérpretes) si el software empleado ya esta compilado.

#undef PI

2.19. Directivas Condicionales

Se usan para suprimir parte de la compilación permitiendo adaptar diferentes versiones de un programa.

```
#IF  #ENDIF   #ELSE    #ELIF

#IF  debug == true

      display (info)

#ENDIF
```

2.20. Estructuras de Control

2.20.1. Estructura de bifurcación condicional: If

Quiza la mas conocidas de las estructuras de control. Simplemente diremos que pueden encontrarse distintas combinaciones:

- Simple

- Compuesto

- Anidado

2.20.2. Estructuras repetitivas

For

En C si bien esta estructura se llama FOR es equivalente a cualquier estructura de iteración (iteración es un término técnico que significa repetición) ya que la salida del bucle depende de una condición y no de una cantidad de iteraciones conocida a priori.

Ejemplo: Imprimir tabla Fahrenheit-Celsius para fahr = 0, 20,...300 empleando ciclo for.

```
main() {

        int fahr;   /* Una sentencia simple implica que todo el for es */
        for (fahr = 0;fahr <= 300;fahr = fahr + 20)   /* una sola orden*/
            printf("%d\t%d\n",fahr,(5 * (fahr - 32)/9));/* termina ;*/
}
```

While

Como se explico al principio del capítulo se supone al lector familiarizado con estos temas. Con esta estructura de iteración el bloque interno puede no ejecutarse nunca

Ejemplo: Imprimir tabla de Fahrenheit-Celsius para fahr = 0, 20, ... 300 empleando la estructura de control while

```
main() {

int fahr,celsius;
int bajo,alto,paso;

bajo = 0;
alto = 300;
paso = 20;
fahr = bajo;

while (fahr <= alto)  {

    celsius = 5 * (fahr - 32) / 9;          /* (5/9) (F-32) */
    printf("%d\t%d\n",fahr,celsius);
    fahr =fahr + paso;
    }
}
```

Do-while

Estructura de iteración. El bloque interno se ejecuta siempre al menos una vez.

Ejemplo: Imprimir los diez primeros números naturales

```
#include <stdio.h>

main( void ) {
    int i=0;
            do {
    printf("%d", i);/* para sentencia compuesta el DO lleva {} */
    ++i;

        } while (i <= 10)

}
```

Finalización del ciclo en curso en una estructura de bucle: Continue

Ejemplo: Ingresar e imprimir 10 caracteres utilizando un ciclo for, en caso de ser ingresado el carácter * , el proceso deberá continuar sin imprimir ese carácter, pudiendo visualizarse un mensaje indicando la situación.

```
#include <stdio.h>

main ( void ) {

char    c;
int i=1;

for ( i = 1; i < 9; i++ )    {

    c=getchar();
       if ( c ¡= '*')
        putchar ( c );

else
    continue;
    }
}
```

Finalización anticipada de una estructura de control: Break

Ejemplo: Ingresar e imprimir 10 caracteres utilizando un ciclo for, en caso de ser ingresado el carácter * , el proceso deberá interrumpirse en forma anticipada.

```
#include <stdio.h>

main ( void ) {

char    c;
int i=1;

for ( i = 1; i < 9; i++ )    {
    c=getchar();
    putchar ( c );

        if ( c ¡= '*')
    ;
    else
    break;
        }
}
```

Sentencia de bifurcación múltiple: Switch

Ejemplo: Programa que lee una operación a realizar y dos operandos imprimiendo el resultado.

```
#include <stdio.h>

float r;
int   a,b;

main ( void ) {

char car;

scanf ( "%d %d %c", &a, &b, &car );
printf("Los valores dato son: %d, %d", a, b);

switch (car) {
    case 's': r    = a + b; break;
```

```
case 'r': r = a - b; break;
case 'm': r = a * b; break;
case 'd': r = a / b; break;
}

printf ("Código de la operación: ", c);
printf ("Resultado: ", r);
}
```

2.20.3. Bifurcación incondicional: Goto

Empleada frecuentemente en programación de bajo nivel. Prohibida en la programación en alto nivel, lo cual se explica mas adelante.

Función Kbhit()

Esta función se menciona aquí debido a que suele ser necesario su uso al emplear los ciclos de control si la e/s es manejad por consola. No válida en interfaces de usuario gráficas. Retiene el valor pulsado en el teclado.

2.21. Especificadores de clase de almacenamiento

C dispone de 4 especificadores de clases de almacenamiento, estos son:

- extern
- static
- register
- auto

Los especificadores de clase de almacenamiento se anteponen al tipo de la variable y sirven para modificar algunas características de la variable declarada.

Static: Hace que una variable conserve su valor entre sucesivas llamadas a una función.

Ej.: static semilla = 175;

Las variables estáticas Permiten que una variable local conserve su valor entre varias llamadas a su misma función u otras especificadas, permaneciendo invisible para el resto del programa.

```
#include <stdio.h>

int b;
int sub();

main() { scanf("%d", &b); sub(); sub(); }

int sub() {
    static int c;
    b= b+1;
    c=b+1;
    printf ("%d", c);
}
```

```
#include <stdio.h>

int c=1;
int suma();
int cero();

main() {
    int i;
       cero();
    for (i=1;i<5;i++) suma();
}

int cero() { static int rdo=0; printf ("%d\n", rdo); }
int suma() { static int rdo; rdo= rdo+1; printf ("%d\n", rdo); }
```

Extern: Se usa cuando varios archivos fuente componen un programa y tenemos variables globales, soluciona el problema de no declarar o redeclarar una variable. En entornos visuales puede emplearse con un sentido algo distinto.

Register: Esta es una de las características que muestran que C es un lenguaje de nivel medio. Cuando se antepone register, la variable en lo posible ocupará un registro del procesador lo que agiliza su velocidad de operación. Esto no representa una "obligación" sino una "sugerencia" al compilador. Muchos compiladores lo aplican por defecto.

Auto: Por defecto todas las variables que no están en las categorías anteriores son auto, que significa automáticas. Esta denominación resulta de que el espacio a ocupar se reserva en forma automática al declarar la variable. No se usa.

auto int segundos;

equivale a

int segundos;

3

Funciones, Parámetros y Punteros

3.1. Funciones. Clasificación

En este capítulo se supone que el lector se encuentra familiarizado con el empleo de subrutinas. Estas son denominadas funciones en C/C++. La denominación de funciones para las subrutinas es común a otros lenguajes de programación (Pascal, Lisp). Las funciones en C pueden clasificarse según sus parámetros como sigue:

- Sin paso de parámetros

- Con paso de parámetros por valor

- Con paso de parámetros por referencia

O según retornen algún valor:

- Con retorno de valor

- Sin retorno de valor

3.2. Funciónes sin paso de parámetros

En este caso no existen valores pasados desde la función de nivel superior (por ejemplo la función principal main) a la función que es llamada.

Ejemplo: Imprimir Hola utilizando una funcion.

```
#include <stdio.h>

hola();                         /* DECLARACION de la funcion. Puede ir */
                    /* antes o despues de main se llama FUNCION PROTOTIPO */

main() { hola(); }

hola() {            /* DEFINICION de la funcion. Antes/despues de main */

    printf("Hola\n");
}
```

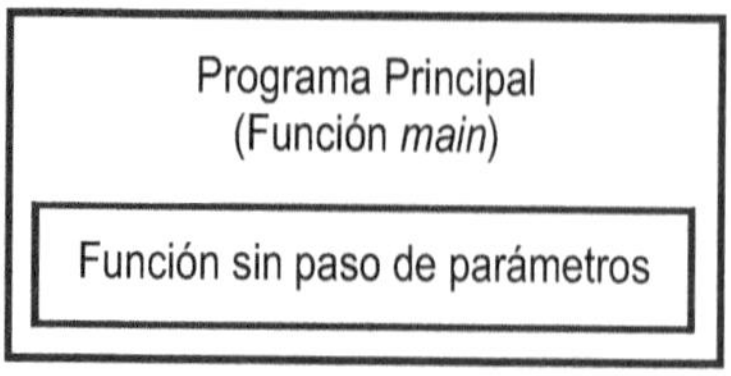

```
┌─────────────────────────────────────┐
│         Programa Principal          │
│          (Función main)             │
│  ┌───────────────────────────────┐  │
│  │  Función sin paso de parámetros │  │
│  └───────────────────────────────┘  │
└─────────────────────────────────────┘
```

Figura 3-1: En el caso de empleo de funciones sin paso de parámetros no hay datos que interrelacionen a la función llamada con quien la invoca.

3.3. Funciones con paso de parámetros por valor

En este caso se pasan solo los valores almacenados en las variables del código que llama a la función. (Se generan nuevas variables que son copia de las originales pero quedan almacenadas en direcciones de memoria diferentes).

```
#include <stdio.h>

int suma (int a, int b);

main() {

    int al, bl;
    scanf("%d %d", &al, &bl);
    suma(al, bl);                          /* Parámetros reales    */
}

int suma(int a,int b){printf("%d",a + b);}/* Parámetros formales    */
```

3.4. Punteros

Para el paso de parámetros por referencia es necesario emplear punteros o variables que almacenan direcciones de memoria. El diagrama mostrado en la Fig. III.2 representa un puntero *p* que tiene almacenada la dirección de una variable *a* o "apunta a *a*".

El caso de un puntero sin datos es importante y puede representarse gráficamente como muestra la Fig III.3:

Figura 3-2 Puntero *p* que apunta a la variable *a*.

Figura 3-3 Un puntero nulo, suele representarse como se ve en al figura

Este caso se suele describir como "puntero nulo", "puntero que no apunta a ninguna parte" y se especifica en el código asignando el valor NULL (en otros lenguajes este nombre suele cambiarse por NIL)

Al declarar una variable de tipo puntero debemos especificar su tipo y emplear *, por ejemplo

```
int *p;
```

Existen dos importantes operadores que permiten obtener la dirección de una variable y obtener el valor almacenado en la misma a traves de su puntero. Estos son * y &.

> La codificación del operador de indirección aplicado a un puntero p es *p;
>
> La codificación del operador de dirección aplicado a la variable a es &a;

El valor NULL esta definido en los archivos del compilador y suele definirse como:

#define NULL ((void *) 0)

3.5. Funciónes con paso de parámetros por referencia

En este caso se pasan simplemente las direcciones de las variables del código de llamada, mediante punteros, de modo que la función puede modificar los valores almacenados en estas.

Ejemplo: Pasar dos números a una función, incrementarlos e imprimirlos modificados desde el programa principal.

```
#include <stdio.h>

int inc (int *a, int *b);

main() {

int al, bl;

scanf("%d %d", &al, &bl);
printf ("%d %d", al, bl);
inc (&al, &bl);
printf ("%d %d", al, bl);
}

int inc ( int *a, int *b) {

*a = ^d + 1;                    /* O usando (*a)++ */
*b = *b + 1;
}
```

3.6. Funciones con y sin retorno

Sin retorno, las funciones concluyen su ejecución y no devuelven un valor a la función de nivel superior (por ejemplo a la función main()).

Con retorno, puede interpretarse como que al llamar a la función, luego de ejecutarse esta, su llamada es reemplazada por el valor retornado.

Las funciones que devuelven valores (con retorno) pueden anidarse para ganar velocidad de ejecución del programa. Esto, aunque es una idea muy sencilla, es muy importante tenerlo en cuenta cuando se trata de aplicaciones de sistemas electrónicos que a menudo requieren respuestas en tiempo real.

En general en C siempre se codifica con retorno para evaluar el éxito o fracaso en la ejecución de la función. Esta condición booleana se evalúa como 0 o !=0. Típicamente return 0 indica ausencia de error, mientras que distintos valores enteros no nulos suelen emplearse para indicar el tipo de error detectado.

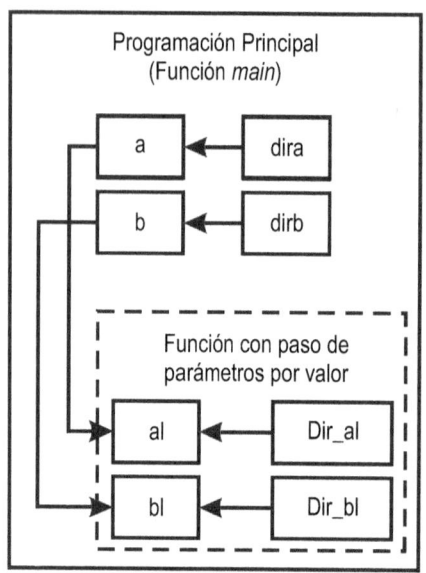

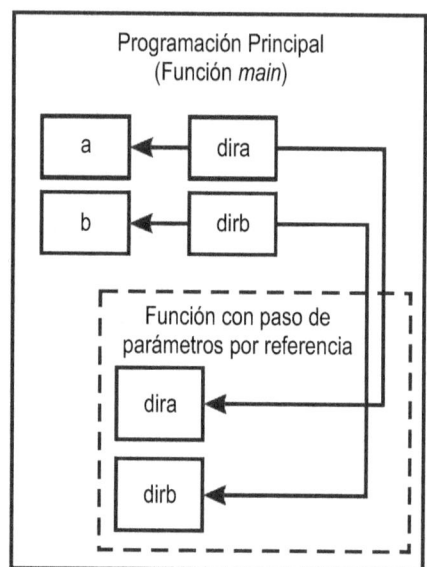

Figura 3-4 En el caso de paso de parámetros por valor se asignan nuevas direcciones para almacenar los valores en la función.

Figura 3-5 En el caso de paso de parámetros por referencia se conservan las direcciones originales de las variables

Ejemplo: Codificación de la función potencia con retorno de valores. (A título de ejemplo ya que la función pow() viene definida en los compiladores C en el math.h).

```
#include <stdio.h>

int power(m,n);

main() {

int base,exp;

printf("Ingrese la base y el exponente: \n");
scanf("%d %d", &base, &exp);
printf("%d", power(base, exp));              /* anidamiento */
return;
}

int power(m,n) {
int i, pot;                         /* p , que es el valor de retorno */
pot = 1;                            /* se define adentro de la funcion */

for(i = 1;i<=n;++i)

    pot=pot*m;
```

```
return pot;
}
```

El tipo VOID aplicado a funciones no retorna valor (o puede permitir retornar tipos no especificados según el compilador)

```
void pino();
void pino() {

printf("  *\n");
printf(" ***\n");
printf("*****\n");
}

main() { pino(); }
```

Con respecto a la visibilidad y anidamiento de definiciones de funciones, en C las funciones se pueden llamar unas a otras y no pueden anidarse sus definiciones.

3.7. Funciones que retornan punteros y punteros a funciones

Dentro de las funciones con retorno, existe la posibilidad de codificar funciones que retornen punteros. La codificación de una función que retorna un puntero es muy similar a la forma en que se codifican los denominados "punteros a funciones". Es muy importante en programación en lenguaje C distinguir entre estos dos casos que se explican a continuación:

     `int *f ()`   es el código de declaración de una función que retorna un puntero.

     `int (*f) ()`   es el código de declaración de un puntero a una función, o sea la dirección de una función que devuelve un int.

Ejemplo 1: Función que retorna un puntero.

```
#include <stdio.h>
int *suma (int a, int b);

int main (void) {
int am, bm;
int *rdo;

scanf("%d%d", &am, &bm);
rdo = suma (am, bm);
printf ("%d", *rdo);
}

int *suma (int a, int b); {
int R;

R = a+b;
Return (&R);
}
```

Ejemplo 2: Alojar dos enteros en un vector y devolverlos empleando la dirección de un vector

```
#include <stdio.h>
```

```
int *int2vec (int a, int b ) [2] ;

int main (void)  {
int am, bm;
int *rdo[2];
scanf("%d%d", &am, &bm);
rdo = int2vec (am, bm);
for (..,..,..) {   printf ("%d", *rdo[i]); ......}
}

/* Función que regresa puntero a un arreglo de base int*/

int *int2vec (int a, int b) [2] {

int R[2];
R[0] = a;
R[1] = a;

Return (R);

/* porque el nombre del vector es la direccion del elemento 1 */
}
```

3.7.1. Punteros a funciones

Ejemplo: Paso de la dirección de una función con parámetros a otra función

```
#include<stdio.h>

int suma(int a,  int b);

// esta función recibe como parámetro el puntero a otra función
void mprintf ( int(*f)(int, int),  int am,  int bm );

// En el siguiente código la función suma es pasada como parámetro a //
mprintf debería pasarse la dirección de la función suma (&suma) sin //
embargo usualmente el nombre de la función es tomado como su

// dirección

main() {

    int am, bm;
    scanf("%d%d",  &am,  &bm);
    mprintf(suma,am,bm);
}

    int suma(int a, int b) {
return a+b;
}

void mprintf(int (*f)(int, int),  int amy,  int bmy) {
printf("%d", (*f)(amy,bmy));
}
```

3.8. Análisis gramatical

La gramática del C, y en particular las declaraciones de "Punteros a funciones" y "Funciones que retornan punteros"se puede analizar a partir de las definiciones de las llamadas "Declaraciones" y "Declaraciones directas". Estas definiciones establecen las siguientes asociaciones:

Debe tenerse en cuenta que se denominan declaraciones directas (dcl_directa) a aquellas que definen elementos básicos del lenguaje.

Una variante particular son las denominadas declaraciones (dcl) que se definen estrictamente como sigue:

Dcl: *s o *dcl_directa

A partir de ambas definiciones (dcl y dcl_directa) se estructura el modo en que se codifican las declaraciones de variables mediante las siguientes reglas de sintaxis:

Dcl_directa nombre

(dcl)

dcl_directa()

dcl_directa[tamaño opcional]

A partir de estas relaciones se tiene que en las funciones que retornan punteros se asocia () con f por tener mas precedencia que *. Entonces lo primero que dice es que f es una función y luego el tipo especificado para esa función es int *.

en int *f() se tiene:

f es un nombre

f() es dcl_directa

*f() es dcl   (El int no interviene hasta el final)

En los punteros a funciones en cambio, se evalúa priimero * porque los paréntesis que lo encierran alteran el orden. *f significa que f es una dirección de algo.¿De que? De una función () que retorna un int.

en int (*f)() se tiene:

f nombre es decir	dcl_directa
*f	dcl
(*f)	dcl_directa
(*f)()	dcl_directa

3.8.1. Otros ejemplos de análisis gramatical:

int (*pv) [12] apuntador a un arreglo 12 de enteros

int *pv [12]   arreglo 12 de apuntadores a enteros

3.9. Interrupciones por Hardware

Un ejemplo típico de punteros a funciones en C lo encontramos en el uso de rutinas de interrupciones de hardware. Para comprender esto introducimos brevemente las interrupciones de hardware, y luego se ejemplifica el empleo de punteros a funciones para manipulación de interrupciones.

3.9.1. Rutinas de servicio de interrupción. Gestión de la interrupción.

PIC: Para facilitar la tarea y el manejo de la CPU los PC tienen circuitos denominados PIC. (Controlador Programable de Interrupciones).

IRQ: A un único integrado PIC llegan ocho líneas denominadas IRQ (Interrupt request). Tienen entre si un orden de prioridad asignado.

PRIORIDAD: El PIC tiene asignadas prioridades para el caso de que varias señales de entrada lleguen simultáneamente. El orden de prioridad irá entonces de 0 a 7.

ISR: Un dispositivo externo puede elevar la tensión de una IRQ para solicitar a la CPU que suspenda la ejecución actual y ejecute una rutina de interrupción. Estas rutinas de interrupción se denominan ISR. (Interrupt Service Rutine).

INT/INTA – Reconocimiento de interrupciones:

El PIC le informa al CPU que hay una interrupción a través de un pin (del PIC) denominado INT. El CPU le contesta a través de INTA (Interrupt Acknowledgment)

3.9.2. Tabla de vectores de interrupción:

El sistema busca en la tabla de vectores de interrupción el código a ejecutar asociado a esa interrupción y la ejecuta.

Las direcciones almacenadas en esta "Tabla" corresponden a direcciones de la RAM donde se halla alojado el código a ejecutar.

Si consideramos a la tabla como una guía de teléfonos, la entrada de la tabla seria el nombre de la persona cuyo número o dirección deseamos conocer.

A ese nombre le está asociada una dirección, en la computadora esa dirección específica el código a ejecutar.

Esto nos dice que podríamos cambiar la dirección para mandar a ejecutar un código diferente.

El PIC envia posteriormente a la CPU el número de interrupción que es 8 + IRQNRO.

P.ej.: IRQ4 (COM1) -> 12 -> 0Ch.

Entonces la CPU ejecuta el código (alojado en RAM) de la rutina asociada a la int 0Ch.

0Ch es en este caso el "Interrupt handler" que se transmite por D0 ... D7.

El CPU lo recibe y extrae una dirección de la tabla que es la "Rutina de servicio".

3.9.3. Reconocimiento

La "Rutina de servicio" hace saber que se ha efectuado enviando 20h EOI (End of Interrupt) al puerto 20h. 20h y 21h son los puertos del primer PIC. En el caso de haber mas PIC funcionan en cascada.

Registros del PIC; son 3 (básicos):

Interrupt Request Register: IRR

Aquí se setean los avisos de nuevas interrupciones.

Interrupt Service Register: ISR

Aquí se setea la interrupción actualmente ejecutada.

Interrupt Mask Register: IMR

Aquí se habilitan las interrupciónes seteadas. Permite habilitarlas individualmente. Habilitar la interrupción significa permitir que si esta ocurre sea atendida por el procesador y tenga asi el efecto deseado. Una interrupción deshabilitada es ignorada por el procesador.

Los tres registros tienen un Byte donde cada bit corresponde a cada IRQ.

Cuando un bit se setea en ISR se resetea automáticamente en IRR

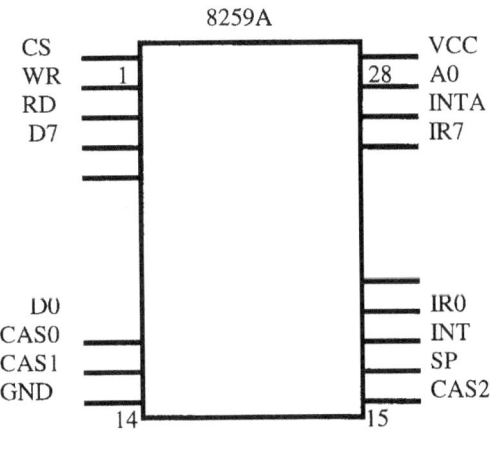

Figura 3-6

3.9.4. Habilitación e inhabilitación de interrupciones

Se puede pedir que la CPU ignore las interrupciones con CLI (Clear Interrupt Flag), o se habilite con STI (Set Interrupt Flag). Esto modifica la Interupt Flag del registro correspondiente en la CPU. En C se utilizan enable() y disable().

Ejemplo:

La interrupción de impresión en pantalla, se activa usualmente al pulsar la tecla respectiva. Le corresponde el número de INT 5.

Utilizarla redefiniéndola para realizar lo siguiente:

1) Cambiar el valor de una variable denominada "ignorar".

2) Codificar un programa que use en un while esa variable para mantenerse en el lazo hasta que la variable cambie de nombre.

```
#include <stdio.h>
#include <dos.h>

// declaración o protitipo. La definición es codificada luego
void interrupt inthand();

// Declaración sin definición. Para "recordar" dirección de la rutina //
de interrupción original
void interrupt (* oldhand) ();

int ignorar = 1;

int main (void)  {
    puts ("Pulse <SHIFT><PRTSC> para salir");
    oldhand  = _dos_getvect(5);     /*Salva la anterior interrupción */
                    /*Instala el manipulador de Interrupciones*/
    _dos_setvect(5,inthand);
    while (ignorar)                         /*Ignora teclas pulsadas */
    /* Restaura rutina de interrupción original*/
    _dos_setvect(5,oldhand);

}

void interrupt inthand() {
    ignorar = 0;
    }
```

Ejemplo:

Utilizar la interrupción de reloj del sistema para contar las interrupciones de reloj e imprimir la cuenta a medida que esta se modifica. Interrupciones durante un ciclo controlado por un contador.

```
#include <stdio.h>
#include <dos.h>
#include <conio.h>

#define INTR 0x1C                        /* Interrupción de reloj */

void interrupt inthand();
            /*declara oldhand como dirección de función de interr */
void interrupt (* oldhand) ();
int count = 0;

int main (void) {

puts ("Pulse <SHIFT><PRTSC> para salir");
```

```
oldhand  = getvect(INTR);  /* Salva la anterior interrupción */
setvect(INTR,inthand);            /* Instala manipulador de Interr.*/
while (count< 40)                      /* Ignora teclas pulsadas */
printf ("Count is %d: \n",count);
   setvect(INTR,oldhand);/* Restaura rutina de interrupción original */
 }

void interrupt inthand()  {
disable();             /* Inhabilita otras interrupciones */
count++;
enable();             /* habilita otras interrupciones */
 }
```

Como puede comprenderse del código, mientras se esta ejecutando el while van llegando interrupciones de clock y van modificando el count que se va imprimiendo.

getvec / dos_getvec son dependientes del compilador.

4

Recursión

4.1. Concepto

En nuestro caso denominamos recursión a un proceso iterativo (repetitivo) de solución de problemas. Este proceso se caracteriza porque el problema a resolver puede definirse en función de si mismo. En forma mas sencilla puede decirse que la recursión se presenta cuando en la definición de algo interviene lo que queremos definir.

El concepto de recursión puede comprenderse en forma aún mas inmediata a traves de ciertas funciones matemáticas, que tienen la propiedad de poder definirse en función de si mismas. Entre estas, el factorial es un ejemplo clásico, donde el proceso recursivo queda expresado claramente (En un programa esto se codifica empleando una función o subrutina que se llama a si misma):

$$N! = N \times (N-1)!$$

Es decir que la función factorial de un número n puede ser calculada en función de la misma función con argumento n-1.

Notar que una manera inmediata de codificar una función factorial es emplear un ciclo de control tal como,

```
...
int fact = 0;
for ( i = n; i > 0; i-- )  fact = fact * n;
...
```

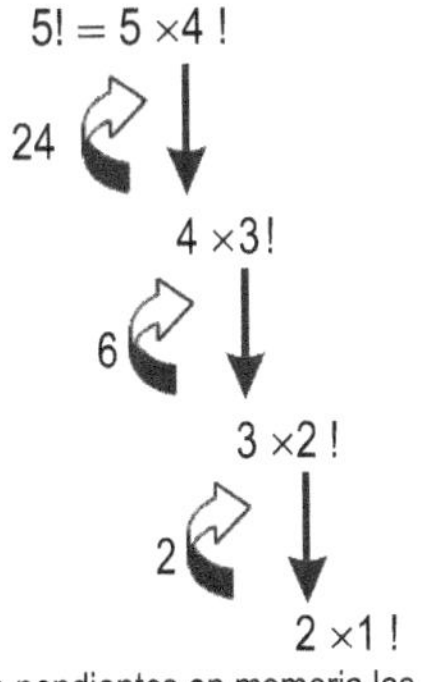

$$5! = 5 \times 4!$$

24

$$4 \times 3!$$

6

$$3 \times 2!$$

2

$$2 \times 1!$$

Figura 4-1: El cálculo recursivo del factorial mantien pendientes en memoria las operaciones que no pueden resolverse, hasta que esto sea posible a partir de de una solución hallada.

En el proceso recursivo, las llamadas que no pueden resolverse van quedando pendientes hasta que se llega a un estado para el cual el resultado de la función es conocido. Esta situación se ilustra en el siguiente gráfico para la función factorial.

4.2. La condición de finalización

Para nuestros fines nos interesa una recursión controlada, que no sea infinita. Todos nuestros proyectos van a terminar en un algoritmo y la definición de algoritmo dice que es:

"Un procedimiento para resolver un problema en un número finito de pasos"

Esto nos obliga a descartar todos los procedimientos que no se resuelven en un número finito de pasos.

Todo algoritmo recursivo debe tener una parte recursiva propiamente dicha y una condición de salida. Esto es la única garantía de que la recursión no sea infinita.

Se hace evidente a partir de esta definición que algo debe variar en los argumentos de la función entre llamada y llamada.

4.3. Ventajas y desventajas

En general, distintos autores suelen citar como las ventajas y desventajas de los procesos recursivos a los siguientes aspectos:

- Se obtienen así versiones de algoritmos más claras y sencillas.

- Sintetizan en muy poco espacio lo que de otra forma sería muy complicado (y a veces imposible en la práctica) expresar en forma iterativa.

- Se adaptan en forma natural a problemas inherentemente recursivos.

- Consumen más memoria y bajo circunstancias muy adversas pueden llegar a agotar la memoria.

- Son un poco más lentas de ejecutar que las versiones iterativas por la gran cantidad de llamadas a funciones.

- Son un poco más difíciles de comprender, pero una vez entendidas, la solución es más simple.

Pero el motivo fundamental de la necesidad de codificación recursiva es que ciertos problemas pueden ser en la práctica imposibles de codificar si tan solo se pretende emplear las estructuras de control clásicas (if, for, etc). La razón es que la diversidad de situaciones posibles (y anidamientos de procesos) puede ser muy amplia y difícil de evaluar para que su codificación garantice resultados confiables. Un ejemplo de esto es el procedimiento de modelado tridimensional denominado "Constructive Solid Geometry" (CSG) y las posibilidades de edición de modelos que permite este sistema. La descripción de este algoritmo puede encontrarse en la mayoría de los libros que tratan sobre Gráficos por Computador.

Otras características propias de los procesos recursivos son:

- Cuando una función se llama a sí misma, se asigna espacio en la pila para las nuevas variables locales y parámetros.

- El código de la función se ejecuta con las nuevas variables desde el principio.

- Una llamada recursiva no hace una nueva copia de la función. Son solo nuevos argumentos.

- Al volver de una llamada recursiva se recuperan de la pila las variables locales y los parámetros antiguos.

- La ejecución se reanuda en la línea posterior a la llamada de la función dentro de la función.

4.4. Ejemplos

Los problemas que se pretende resolver mediante recursión deben ser naturalmente recursivos, p. Ej.:

- Factorial de un número
- Sucesión de Fibonacci
- Cálculo del MCD por el método de Euclides
- Ordenamiento Quick Sort
- Torres de Hanoi
- Función potencia de exponente entero
- Búsqueda y ordenamiento en estructuras dinámicas

4.4.1. El factorial

El factorial se define en forma recursiva como:

$$n! = 1 \qquad \text{si} \quad n = 0$$

$$n*(n-1)! \qquad \text{si} \quad n > 0$$

La primera línea representa la condición de salida.

La segunda línea es la parte recursiva propiamente dicha.

```
#include <stdio.h>

int factorial( int num );

void main() {

  int n;
  scanf( "%d", &n );
  printf( "%d",n *  factorial (n) );
```

```
        }

int factorial( int num ) {
   if( num == 0 ) return 1;
   else return(factorial( num-1 ) );
}
```

Notar que esta función sería fácilmente codificable en forma iterativa, como se ve en el siguiente ejemplo.

```
#include <stdio.h>

int factorial( int num );

void main() {

int n;
scanf( "%d", &n );
printf( "%d", factorial (n) );
}

int factorial( int num ) {
   int i, fact=1;
   for (I=1;I<=num;I++) fact *= i;
   return fact;
}
```

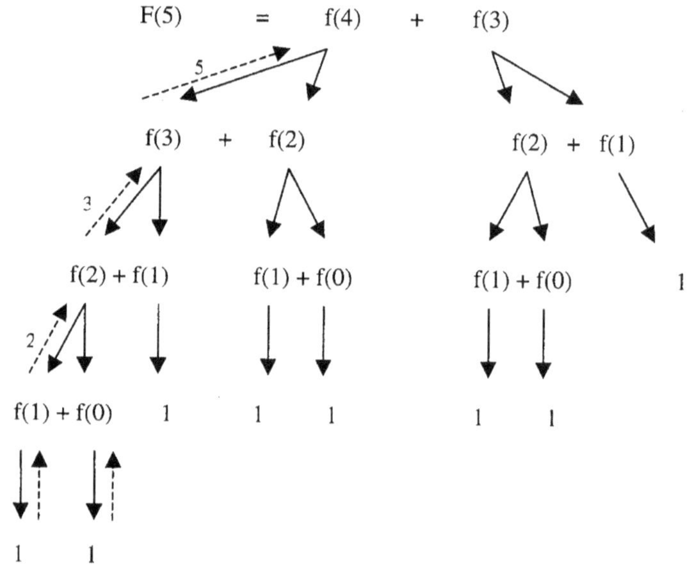

$$F(5) \quad = \quad f(4) \quad + \quad f(3)$$

Figura 4-2: Secuencia de operaciones recursivas para una función de Fibonacci.

4.4.2. La sucesión de Fibonaci (Recursión doble)

Esta es una función aplicada en estadística para estudiar la evolución de poblaciones bajo determinadas reglas. Fue propuesta por Leonardo de Pisa (Fibonacci).

$$\text{Fib}(n) = 1 \qquad\qquad \text{si } n=0, n=1$$

$$\text{Fib}(n-1) + \text{Fib}(n-2) \qquad\qquad \text{si } n > 1$$

La primera línea representa la condición de salida.

La segunda línea es la parte recursiva propiamente dicha.

La secuencia de pasos al ejecutar el programa se observa en la figura siguiente:

En esta secuencia ocurre lo siguiente: Al intentarse calcular f(4)+f(3), el programa no encuentra solución para f(4), sino que intenta calcular f(4) como f(3)+f(2) y deja f(3) pendiente, al intentar calcular f(3)+f(2) y no conocer f(3) debe calcular f(3)=f(2)+f(1) y dejar esta f(2) pendiente , y asi sucesivamente hasta encontrar los valores conocidos que son f(0) yf(1). A partir de este esquema de funcionamiento se van cumplimentando los cálculos de izquierda a derecha.

Observar que el proceso de cálculo de un mismo valor puede ser repetido varias veces. -por ejemplo f(2)-.

4.4.3. La Función Potencia de exponente entero

$$\text{Pot(base, exp)} = 1 \qquad\qquad \text{si } exp = 0$$

$$\text{Pot(base, exp-1)} \qquad\qquad \text{si } exp \mathrel{/}= 0 \quad \text{para base} \mathrel{/}= 0$$

Es interesante el caso de la codificación de esta función recursiva por el hecho de la variable que contiene el valor de la base. Si la base se declara como una variable local se pierde tiempo en crearla en cada llamada, si la base se pasa como parámetro se esta procediendo de un modo innecesario, ya que si bien es un parámetro, su valor no cambia en sucesivas llamadas, si se la declara como variable global, se gana en eficiencia pero se pierde en la organización del código, lo mas apropiado parecería ser declarar a base como una variable estática, de modo que sin ser global, pueda ser compartida por el código en este caso de main() y la función recursiva y de que no sca creada y destruida en cada llamada a la función recursiva. Esto se muestra en el siguiente ejemplo.

```c
#include <stdio.h>

int potencia( int num );

void main() {
    static int base;
    int exponente;
    scanf( "%d", &base, &exponente );
    printf( "%d", potencia(exponente) );
}

int potencia( int num ) {
    static int base;
    if( num == 0 ) return 1;
    else return(n * potencia( num-1 ) );
}
```

4.4.4. El algoritmo de Euclides

Calcula el Máximo Común Divisor de dos enteros.

mcd(m, n)

Si m%n = 0   mcd = n

Sino   resto = m%n

mcd = mcd(n,resto)

Primera y segunda línea son condición de salida y parte recursiva.

Ejemplo: Dados los números 20 y 72

mcd(20, 72)
m%n ≠ 0   por lo que
                 resto = 20%72 da 20
                 ahora llamamos la función con   m=72 n=20

mcd(72, 20)
m%n ≠ 0   por lo que
                 resto = 72%20 da 12
                 ahora llamamos la función con   m=20 n=12

mcd(20, 12)
m%n ≠ 0   por lo que
                 resto = 20%12 da 8
                 ahora llamamos la función con   m=12 n=8

mcd(12, 8)
m%n ≠ 0   por lo que
                 resto = 12%8 da 4
                 ahora llamamos la función con   m=8 n=4

mcd(8, 4)
m%n = 0   por lo que el mcd da
                 mcd = 4

En este último paso ha actuado la condición de salida. En todos los pasos anteriores había actuado la parte recursiva propiamente dicha. La resolución de cada llamada a función se produce cuando se comienzan a cerrar las llamadas a partir de ejecutarse la condición de salida.

```c
#include <stdio.h>

void main() {
    int a, b;
    printf( "\n\n\t\tCálculo del MCD por Euclides\n\n" );
    printf( "Ingrese los dos números: " );
    scanf( "%d %d", &a, &b );
    printf( "El MCD de %d y %d es: %d\n", a, b, MCD( a, b ) );
}

int MCD( int num, int den ) {
```

```
        if( num%den == 0 ) return den;
        else return( MCD( den, num%den ) );
}
```

4.4.5. Las Torres de Hanoi

Es un "juego" muy antiguo que consiste en transportar discos desde un eje a otro (utilizando un eje auxiliar) de a uno por vez, sin que jamás un disco de mayor superficie quede por encima de un disco de menor superficie.

El conjunto de discos apilados es lo que forma la "torre".

Pretendemos desplazar los discos del eje 1 al eje 2 utilizando el eje 3 como auxiliar.

Este problema consiste en pasar una torre de altura 3 al eje 3, el disco mayor desde el eje 1 al 2 y por último llevar la torre de 3 discos del eje 3 (auxiliar) al eje 2.

El llevar "torres" implica descomponer.

El primer paso de llevar una torre de altura 3 de los ejes 1 a 3, se descompone en:

Llevar una torre de altura 2 del eje 1 al eje 2, llevar el disco restante del eje 1 al 3 y por último llevar la torre de altura 2 del eje auxiliar (2) al eje final 3.

Notar que origen, destino y auxiliar van cambiando en los movimientos.

Para el primer movimiento el eje 1 es el origen (o), el eje 2 es el destino (d) y el eje 3 es el intermedio (i)

Estos roles irán cambiando de etapa en etapa, manera tal que p. ej. para mover la torre de 3 de 1 a 3, el origen es 1 el destino es 3 y el eje intermediario es 2

Mencionaremos los ejes como o, d e i. El algoritmo de las Torres de Hanoi es el siguiente:

Problema

Mover una torre de altura h del eje 1 al eje 3

Se descompone en:

```
        movertorre( h1, o, i, d )
        moverdisco( o, d )
        movertorre( h1, i, d, o )

        #include <stdio.h>

        void movertorre(int alt,int or,int de,int in);
        void moverdisco( int ori, int des );

        main() {
            int h, orig = 1, dest = 3, interm = 2;
            printf( "Altura de la Torre: " );
            scanf( "%d", &h );
            printf( "Moviendo de torre de altura ");
```

```
    printf( "%2d, de %1d a %1d pasando por %1d\n\n", h, orig, dest,
interm );
    movertorre( h, orig, dest, interm );
}

void movertorre(int alt,int or,int de,int in) {
    if( alt > 0 ) {
        movertorre( alt  1, or, in, de );
        moverdisco( or, de );
        movertorre( alt  1, in, de, or );
        }
}

void moverdisco( int ori, int des ) {
 static long movimiento = 1;
 printf( "Mov. %6ld   de: %1d   a: %1d\n", movimiento++, ori, des );
}
```

La secuencia de operaciones resulta:

```
movertorre( 4, 1, 2, 3 )
 movertorre( 3, 1, 3, 2 )
  movertorre( 2, 1, 2, 3 )
   movertorre( 1, 1, 3, 2 )
       movertorre( 0, 1, 2, 3 )  SIN EFECTO
       moverdisco( 1, 3 )
       movertorre( 0, 2, 3, 1 )  SIN EFECTO
       moverdisco( 1, 2 )
       movertorre( 1, 3, 2, 1 )
          movertorre( 0, 1, 2, 3 )  SIN EFECTO
          moverdisco( 3, 2 )
          movertorre( 0, 2, 3, 1 )  SIN EFECTO
      moverdisco( 1, 3 )
      movertorre( 2, 2, 3, 1 )
  .....
moverdisco( 1, 2 )
movertorre( 3, 3, 2, 1 )

Movimiento de la torre de altura 2 desde el eje 2 al eje 3:
      movertorre( 2, 2, 3, 1 )
       movertorre( 1, 2, 1, 3 )
         movertorre( 0, 1, 3, 1 )  SIN EFECTO
         moverdisco( 2, 1 )
         movertorre( 0, 3, 2, 1 )  SIN EFECTO
        moverdisco( 2, 3 )
        movertorre( 1, 1, 3, 2 )
     movertorre( 0, 1, 2, 3 )  SIN EFECTO
         moverdisco( 1, 3 )
         movertorre( 0, 2, 3, 1 )  SIN EFECTO
```

5

Tipos de Datos Estructurados

5.1. Tipos de datos estructurados

Como se comento en el primer capítulo, en los albores de los sistemas electrónicos digitales programables, estos disponian de recursos que hoy nos parecerían sumamente escasos y costosos. Esto determinó que la organización interna de los códigos que constituían los programas tuviera poca importancia. De aquí que los programas estuvieran escritos como una secuencia de comandos simples sin una estructura definida. La posibilidad de escribir programas que cumplieran sus objetivos y que un programador distinto del que lo habia escrito pudiera comprenderlo (por ejemplo para efectuar modificaciones) estaba dada por el hecho de que los programas en general eran "pequeños" (poco requerimiento de memoria, pocas líneas de código, etc). En síntesis, un programa era "bueno" si simplemente "funcionaba". Otro aspecto de interés era que, dado lo limitado de los recursos (memoria y otros) la documentación del programa se realizaba fuera del archivo que contenía el código del programa. El advenimiento de mayores recursos y menores costos, permitió que los programas fuente pudieran ser mas extensos, lo cual hizo necesario algún grado de organización interna.

Esta organización estuvo dada por la irrupción de la denominada "Programación estructurada y modular", la cual se caracteriza por el hecho fundamental de que un programa esta compuesto por bloques de código con un canal de entrada y uno de salida de información (datos) los cuales a su vez están dispuestos entre si en forma anidada o secuencial. Además los datos pueden ser definidos en una forma estructurada que mejora el software desrrollado.

Definidas estas ideas, los lenguajes se modificaron en orden a que los programadores estuvieran obligados a aplicarlas. Es decir, las mismas sentencias (algunas denominadas precisamente "Estructuras de Control de la Lógica del Programa") cumplían por definición estas premisas. Asi ocurre actualmente con las estructuras iterativas (for, while, do-while), la estructura de bifurcación múltiple (switch) y otras ya vistas. Las técnicas de desarrollo de software entraron asi en la era de la denominada "Programación Estructurada y Modular".

Posteriormente se añadieron a esta metodología básica otros elementos de extraordinaria importancia, tales como la programación orientada a objetos, la posibilidad de correr simultáneamente diferentes módulos de software (multiprocesamiento), el acceso independiente a estos módulos de operación simultánea (eventos), entornos visuales de programación y otros que describiremos posteriormente.

Siguiendo a Niklaus Wirth en sus conceptos sobre programación estructurada podemos decir que un programa esta compuesto por algoritmos y estructuras de datos.

Esto significa poner en un pie de igualdad la importancia de los unos y los otros.

Para poder hacer esto es necesario disponer de tipos de datos de mayor complejidad, que permitan definir completamente los datos que debe procesar el programa.

Asi, a los tipos de datos simples o predefinidos vistos en el capítulo III se añaden tipos de datos de mayor complejidad a los que suele denominarse tipos de datos definidos por el usuario o estructurados.

5.2. Ejemplos

Entre los diferentes tipos de datos estructurados de uso frecuente se pueden mencionar:

Arreglos:

Son conjuntos de datos del mismo tipo que se guardan en forma secuencial en la memoria manteniendo el tamaño de este lugar de almacenamiento (buffer) constante.

Punteros:

Variables en las que el dato almacenado es una dirección de memoria.

Cadenas:

En C son un caso particular de vectores en los que los valores almacenados son caracteres, y terminan con un código especial.

Archivos:

Como se explica mas adelante son tipos de datos que direccionan corrientes de e/s.

Estructuras:

Denominadas tambien registros o tuplas. Agrupamiento de datos de tamaño constante pero que pueden incluir datos de tipos diferentes.

Estructuras Dinámicas:

Estructuras de datos cuyo tamaño se ajusta a los requerimientos del programa a medida que este se ejecuta. Usualmente todos los componentes son del mismo tipo.

Uniones:

Estructuras que permiten manipular los datos que contienen como tipos de datos diferentes según convenga en determinadas etapas de un programa.

Campos de bit:

Tipos de datos que permiten manipular individualmente los bits que componen uno o mas bytes.

Conjuntos:

Conjuntos de datos de tamaño constante, que contienen datos del mismo tipo, pero en los que, los datos pueden tomar el valor de un subconjunto de los valores posibles (definidos al comienzo del código por el programador). Eventualmente, en un lenguaje pueden existir operaciones específicas para este tipo (union, pertenencia, intersección etc.), que básicamente corresponden a las operaciones propias de la teoría de conjuntos.

Por ejemplo podríamos tener variables de un tipo "conjunto" que tenga un tipo base "string" y que pueda tomar el conjunto de los siguientes valores valores { rojo, verde, azul, blanco } o subconjuntos de este último, por ejemplo {rojo, verde}. Si se tuvieran dos variables con los valores siguientes: A={rojo, verde} B={azul, blanco, verde}

una operación de intersección daría como resultado R= {verde}

Clases:

Si bien no son estrictamente estructuras de datos, pues combinan datos y funciones (y constituyen la base práctica de la programación orientada a objetos), pueden encasillarse tambien en una categoría mas potente de datos estructurados (definidos por el usuario con mayor libertad que los anteriores)

En síntesis:

Datos simples (predefinidos	char
	int
	float
	double

	Arreglos
	Punteros
	Cadenas
Datos estructurados	Archivos
(Definidos por el usuario)	Estructuras
	Estructuas Dinámicas
	Uniones
	Campos de bit
	Conjuntos

Datos con funciones propias	Clases

6

Arreglos

6.1. Concepto

Los arreglos son conjuntos de datos del mismo tipo que se guardan en forma secuencial en la memoria manteniendo el tamaño de este lugar de almacenamiento (buffer) constante. Estos pueden representarse por un gráfico que consiste en una secuencia de casilleros donde cada uno almacena un dato de igual tipo que el resto como se muestra en la Fig. VI.1.

La cantidad máxima de variables que pueden albergar está solo limitada por la cantidad de memoria disponible.

El tipo de las variables involucradas puede ser cualquiera de los ya vistos u otro tipo estructurado y se denomina tipo base.

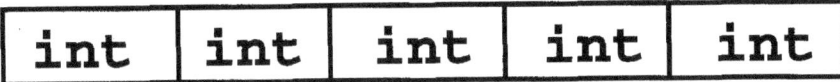

Figura 6-1: Se denomina arreglo a un conjunto de datos del mismo tamaño (tipo base) que ocupan posiciones adyacentes en memoria y cuyo tamaño total tiene un valor fijo

El caso mas simple es el de arreglos de una dimensión y se denominan vectores.

Para definir un vector se emplea la siguiente sintaxis:

Tipo_base nombre[tamaño];

Ejemplos:

```
int base[4];
char valor[10];
```

Se recorren habitualmente usando un lazo for. El siguiente ejemplo declara e inicializa a cero -empleando un ciclo for- un vector de diez elementos de tipo int.

```
int var1[10], i;
for( i=0; i<10; i++ )  var1[i] = 0;
```

El siguiente ejemplo declara e inicializar un arreglo simultáneamente:

```
int temp[4] = { 0, -12, -18, -24 };
```

o:

```
int temp[] = { 0, -12, -18, -24 };
```

Para referirnos a una posición en particular dentro del programa, de modo de hacer referencia al valor alli almacenado, usamos el nombre definido por el usuario para el arreglo, seguido de un subíndice que distingue al elemento. El subíndice debe ser un número entero o una expresión entera, la que es evaluada para obtener el resultado.

```
temp[2];
```

En lenguaje C todos los subíndices de arreglos van desde la posición 0 hasta el número de elementos menos 1.

C no ejerce control alguno sobre los límites de un arreglo, es decir que el programador es responsable de no exceder estos límites (Lo que podría ocasionar por ejemplo que se escribiera en una dirección que estuviese siendo empleada por otra aplicación, con los riesgos potenciales que eso implica).

Si se inicializa un arreglo al declararlo y al que le hemos asignado dimensión, todos los elementos no referenciados valen 0.

Ejemplo:

```
int temp[4] = { 3, 0, 0, 0 };
```

Equivale a:

```
int temp[4] = { 3 };
```

A continuación se insiste en la diferencia entre referirse al elemento enésimo de un arreglo y referirse al elemento de orden n.

Dado: `float montos[10];`

El séptimo elemento es: `montos[6];`

En cambio el elemento de orden 7 es: `montos[7];`

Ejercitación:

1. Leer e imprimir un arreglo de diez elementos enteros.

2. Leer un arreglo de diez elementos enteros e imprimir la suma de sus elementos.

3. Leer dos arreglos x e y de diez elementos enteros y sumarlos almacenando el resultado en un tercer arreglo z imprimiendo el mismo.

5.2. Aritmética de Punteros

Dada las declaraciónes

```
int v[5];
int *p;
p = v;
```

Las siguientes expresiones pueden ser utilizadas para acceder a los mismos elementos de un vector,

```
*(p+i)    p[i]    v[i]
```

Esta notación se denomina notación vectorial y notación puntera. Considerando si empleamos una variable de tipo puntero o vector podríamos hablar de notación puntero-vectorial.

Esta notación permite acceder a los datos almacenados en un buffer secuencial de elementos del mismo tipo (vector) mediante operaciones aritméticas. A esto se denomina aritmética de punteros.

Podemos observar en la Fig. VI.2e lo que ocurre en nuestro ejemplo con la memoria al hacer p=v;

Vemos que podemos acceder al primer elemento del vector v[0] haciendo *p.

Esto es posible porque el estándar establece que siempre debe cumplirse una regla fundamental:

$$v = \&v[0]$$

Es decir el nombre de un vector es equivalente a la dirección del primer elemento.

Vemos también en la Fig. VI.2 que es posible acceder a las posiciones siguientes a la primera sumando enteros a p y aplicando el operador de indirección

Esto a su vez es posible debido a que sumar un entero al puntero asociado al vector implica avanzar los correspondientes lugares en el vector con independencia del tipo base. (se denomina tipo base al tipo de los elementos que componen un vector)

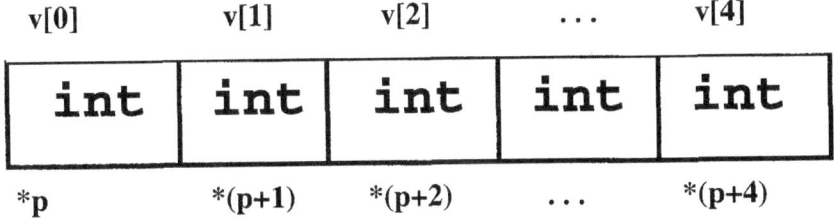

Figura 6-2: Los elementos de un arreglo pueden ser referenciados a traves de punteros

El estándar establece además la posibilidad de escribir una posición dada por un puntero `*(p+i)` mediante notación vectorial `p[i]`, por lo que podemos hablar entonces de notación puntero-vectorial. La figura anterior podría entonces modificarse como muestra la Fig. VI.3.

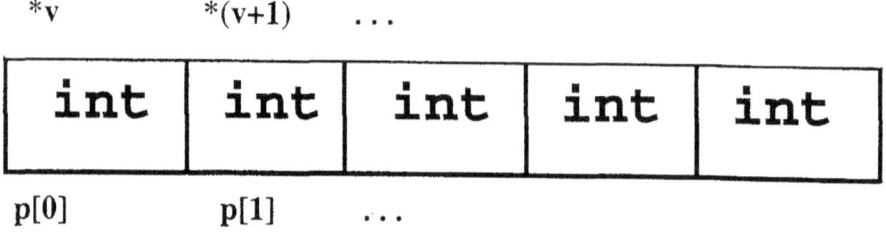

Figura 6-3: Los punteros pueden usarse para referenciar los elementos del vector en notación puntero - vectorial

sin embargo v fue definido como un vector y entonces la operación -*(v+i)- de sumarle enteros es ilegal. Es decir, que si p es un puntero y v un vector, ambos con igual tipo base:

`p++` (o `p=p+1`) es legal, pero

`v++` (o `v=v+1`) es ilegal pues no es una variable.

Solo puedo usar el nombre v para acceder a una variable pero no para asignarle un valor

El estandar define una característica fundamental de la aritmética de punteros que es la independencia del tipo base. En cualquier caso sumar un valor entero *n* al puntero implica avanzar una cantidad de bytes en memoria en correspondencia con el tipo base empleado en el vector (Tipo a que apunta el puntero).

Para explicar mejor lo anterior considérese el caso de los siguientes vectores:

`char vc[2]`

dos elementos de tipo char, es decir que cada elemento ocupa un byte.

`int    vi[2]`

dos elementos de tipo int, es decir que cada elemento ocupa dos byte. (suponiendo int de dos bytes).

En ambos casos podemos tomar las direcciones de estos vectores con punteros, es decir,

`pc = vc;   y   pi = vi;`

y luego referirnos, por ejemplo, al segundo elemento de cada vector: *(pc+1) y *(pi+1)

En ambos casos accedemos al segundo elemento. ¿ porque ? Porque el sumar 1 significa en el primer caso avanzar 1 byte, dado que el tipo base es char, mientras que en el segundo significa avanzar dos bytes, pues el tipo base es int.

Por este motivo decimos que la aritmética de punteros es independiente del tipo base. (El compilador esta codificado para cumplir con esta exigencia del estandar).

En aplicaciones que se veran mas adelante es importante tener en cuenta lo siguiente:

- Si se recorre un vector con *p++   SI se modifica el valor de p en cada ciclo

- Si se recorre un vector con * (p+1)   NO se modifica el valor de p en cada ciclo

Ejemplo: Leer un arreglo imprimiendo sus direcciones y valores en ambas notaciones.

```
#include <stdio.h>

void main( void ) {

int *a, *b, c[4] = { 18,20,22,24 };

a = b = c;

printf("Visto por a es: %d\n", *a);
printf("Visto por b es: %d\n", *b);
printf( "\nAhora incrementamos los punteros\n\n" );
    a++ ;
    *b++ ;
printf("Visto por a es: %d\n", *a);
printf("Visto por b es: %d\n", *b);
}
```

Además es importante notar que $*(p+1)$ y $(*p+1)$ tienen distinto orden de precedencia debido a los paréntesis y por lo tanto no son lo mismo.

Para una mayor claridad sobre esto último, consideremos el caso de un vector v de dos elementos enteros referenciado mediante un puntero p:

```
Int v[]={1,4}, *p;
p=v;
printf("%d", *(p+1));                        //imprime el número 4
              //imprime el número 2 (el 1 guardado en v[0] mas 1)
printf("%d", (*p+1));
```

6.3. Vectores y almacenamiento dinámico en memoria

En principio, en lenguaje C se debe especificar al declarar el vector, por alguno de los métodos vistos, la dimensión de este. Sin embargo, a menudo es deseable almacenar información del mismo tipo en forma secuencial pero estableciendo el tamaño total al correr el programa.

Esto puede hacerse en C a través de almacenamiento dinámico, el cual aplicaremos mas adelante a otros temas donde también resulta esencial.

El almacenamiento dinámico en C se puede realizar empleando la función malloc(), la que esta definida en la librería alloc.h, o alguna de las muchas funciones derivadas de esta (Aquí emplearemos solo `malloc()`).

La función `malloc()` crea dinámicamente (en el sentido de crearse del tiempo de ejecución) un puntero que apunta a un buffer en memoria, el cual posee una estructura correspondiente a un tipo de dato elegido por el programador. Este tipo de función es importante por su frecuencia de uso, en particular por programas orientados al bajo nivel.

La manera de emplearla para crear un buffer de tipo vectorial de n elementos seria por ejemplo:

```
int a;
int *p;
p= (int *) malloc (n * sizeof(a) );
```

donde n seria un tipo integral (char o int).

La función `sizeof()` devuelve el tamaño en bytes del parámetro recibido por esta.

En el ejemplo anterior al multiplicar sizeof(a) por *n* estaríamos calculando la dimensión de nuestro vector.

El código `(int *)` es un operador de cast el cual fue visto en los capítulos iniciales. En este caso se emplea para formatear el tipo devuelto por `malloc()` y poder almacenarlo en el puntero p.

Un vez creado el buffer podemos referirnos a los elementos del mismo mediante la aritmética de punteros `*(p+i);`

Existen funciones derivadas de `malloc()` que resuelven el mismo problema. En particular la función `new()`, que también es común a varios lenguajes de programación, puede ser empleada en lugar de malloc(). En algunos casos el empleo de la función `new()` puede ser ventajoso debido a que no es una réplica de la función `malloc()` con otro nombre, sino que es realmente otra función en el sentido de que su código es distinto.

6.4. Paso de Vectores a Funciones

Si consideramos el siguiente problema: "Pasar los elementos de un vector de cuatro elementos enteros por valor a una función". Vemos que deberíamos emplear cuatro parámetros, uno para cada elemento del vector de cuatro elementos. Esto resulta obviamente un inconveniente difícil y a menudo imposible de superar en la práctica. Por este motivo los vectores no se pasan por valor sino por referencia, aún cuando no sea necesario que el código de llamada los retome con sus valores modificados por la función.
Para pasar vectores por referencia simplemente debemos emplear un puntero al tipo base del vector como parámetro, y al llamar a la función debemos hacer que este apunte al primer elemento del vector por lo cual deberemos suministrar este último como parámetro real.

Ejemplo: Pasar un vector de cuatro elementos enteros por referencia a una función y devolver su suma.

```
#include......

Main(){
int v[]={1,1,1,1};
Printf("%d\nLa suma es:", Vecsum(v);          /* recordar que v=&v[0] */
}

int vecsum(int *p ){ return (*p +*(p+1) +*(p+2) +*(p+3)) ; }

Dos formas de escribir la función puts()

void puts( char frase[] ) {
    register int t;
    for( t=0; frase[t]; t++ )    putchar( frase[t] );
```

```
        putchar( '\n' );
}

void puts( char *frase ) {
    while( *frase )     putchar( *frase++ );
    putchar( '\n' );
}
```

Otro análisis que puede hacerse es que cuando pasamos un vector a una función, la dirección adonde apunta la estamos pasando por valor. Por este motivo en el programa anterior la función no modifica en forma permanente la dirección adonde apunta el parámetro frase.

En el programa siguiente la función de impresión recibe un puntero a puntero

```
void imprimestr( char **frase );

void main( void ) {
    char fr[] = "Frase de prueba", *punt ;
    punt = fr;
    printf( "Direc. puntero: %p\n", punt );
    imprimestr( &punt );
    printf( "Direc. puntero: %p\n", punt );
    imprimestr( &punt );
    printf( "Direc. puntero: %p\n", punt );
}

void imprimestr( char **frase ) {
    int i;
    printf( "     CONTENIDO\n" );
    for(i=0;i<20;i++) putchar( **(frase)++ );
    putchar( '\n' );
}
```

En este caso estamos en condiciones de pasar la dirección de un puntero por referencia (esto lo permite el puntero a puntero)

El programa anterior tiene la salida:

```
Direc. puntero: 0xbffffcd0
CONTENIDO
Segmentation fault (core dumped)
```

¿Porqué?

En cambio sin en la función imprimestr() reemplazamos la línea:

```
for(i=0;i<20;i++) putchar( **(frase)++ );
        por
for(i=0;i<20;i++) putchar( *(*frase)++ );
```

Tendremos la siguiente salida:

```
Direc. puntero: 0xbffffcd0
    CONTENIDO
Frase de pruebaôüÿ¿
Direc. puntero: 0xbffffce4
    CONTENIDO
Ž„__ÝŸ¿_ÝŸ¿
Direc. puntero: 0xbffffcf8
```

¿Puede explicar el comportamiento?

Por último si reemplazamos en la función imprimestr(), la línea:

```
for(i=0;i<20;i++) putchar( *(*frase)++ );
        por
for(i=0;i<20;i++) putchar( (**frase)++ );
```

Tendremos la siguiente salida:

```
Direc. puntero: 0xbffffcd0
        CONTENIDO
FGHIJKLMNOPQRSTUVWXY
Direc. puntero: 0xbffffcd0
        CONTENIDO
Z[\]^_`abcdefghijklm
Direc. puntero: 0xbffffcd0
```

¿Porqué no se imprime la frase?

¿Qué sucede en la función que llamó?

6.5. Vectores de Punteros

De la misma forma que podemos generar arreglos de cualquier tipo de elemento, también lo podemos hacer de punteros.

```
int *z[20];
```

z es un arreglo de 20 posiciones. Cada una de ellas apunta a una dirección de número entero. Dicho de otra forma, estamos guardando las direcciones de 20 variables enteras.

Si queremos que el quinto componente del arreglo de punteros, apunte a la dirección de la variable nomb, debemos hacer lo siguiente:

```
z[4] = &nomb
```

El contenido de esa dirección es:

```
*z[4]
```

El pasaje de un arreglo de punteros a una función se hace de la siguiente forma:

```
void impresion( int *vec[] ) {
    char count;
    for( count=0; count<LIM; count++ )
printf( "La dirección de %2d es: %p y su contenido es: %d\n",

count, vec[count], *vec[count] );
}
```

Se emplean por ejemplo en técnicas de ordenamiento para mover solo las direcciones en lugar de los datos.

6.6. Punteros a Punteros

Es posible declarar punteros a punteros lo que se hace de la forma siguiente:

```
int a, b, c, *d, *e, *f, **g;
```

g apunta a un puntero a enteros. O sea que g podrá apuntar a d, e o f.
La primera derreferenciación (indirección) de g nos da una dirección de puntero a entero. La segunda nos da el contenido de la dirección.

Los punteros a punteros pueden emplearse para acceder a los elementos de una matriz de dos dimensiones. Para comprender esto podemos pensar en una matriz como si esta fuera un vector de punteros. A partir de aquí, y extremando la notación de punteros y en relación con arreglos, tenemos que para referirnos a cada elemento de val[2][3] podemos escribir:

```
*val[0]          val[0][0]
*(val[0] + 1)    val[0][1]
*(val[0] + 2)    val[0][2]
* val[1]         val[1][0]
*(val[1] + 1)    val[1][1]
*(val[1] + 2)    val[1][2]
```

Luego, lo anterior es equivalente a:

```
*(*val)          val[0][0]
*(*val + 1)      val[0][1]
*(*val + 2)      val[0][2]
*(*(val+1))      val[1][0]
*(*(val+1) + 1)  val[1][1]
*(*(val+1) + 2)  val[1][2]
```

Esta notación y el análisis que conlleva resultan engorrosos y una fuente potencial de errores a la hora de codificar los programas. Por este motivo en general los programadores tratan de evitarla empleando otros recursos.

6.7. Arreglos Bidimensionales

Los arreglos multidimensionales (matrices) tienen un subíndice para cada dimensión.

```
int matriz[3][4];
```

La forma general es:

```
tipo nombre[dim1][dim2]....[dimn];
```

Para referenciar un elemento debemos indicar todos los subíndices que corresponden a su posición. Por ejemplo si queremos ubicar en la matriz anterior el segundo elemento de la tercera fila, decimos:

```
matriz[1][2]
```

```
columnas:    0        1        2        3

filas    0  [0][0]  [0][1]  [0][2]  [0][3]   matriz[0][]
         1  [1][0]  [1][1]  [1][2]  [1][3]   matriz[1][]
         2  [2][0]  [2][1]  [2][2]  [2][3]   matriz[2][]
```

Figura 6-4: Disposición del elemento 1,2

La ubicación en la matriz es la que muestra la Fig VI.4.

Para recorrer los arreglos multidimen-sionales es frecuente utilizar lazos for anidados:

```
double punto[6][5][10]
int i, j, k;
for( i=0; i<6; i++ )
    for( j=0; j<5; j++ )
        for( k=0; k<10; k++ )  punto[i][j][k] = i*j*k/2.71828;
```

Las buenas prácticas de programación exigen emplear constantes con nombre:

```
#define DIMX 6
#define DIMY 5
#define DIMZ 10
double punto[DIMX][DIMY][DIMZ];
int i, j, k;
for( i=0; i<DIMX; i++ )
```

Ejercicio: Cargar dos arreglos con las coordenadas de dos puntos y calcular la distancia entre los mismos.

6.8. Paso de Matrices a Funciones

El paso de una matriz a una función se realiza también por referencia al igual que los vectores, sin embargo, el procedimiento resulta mas engorroso debido a que hay mas de un subíndice. Para simplificar esto lo mas recomendable es pasar la dirección inicial del buffer de la matriz m=&m[0], y manipularla dentro de la función empleando notación de un solo subíndice, lo cual se explica a continuación.

Ejemplo: Uso de notacion puntera-vectorial para manipular vectores n-dimensionales

```
#include <stdio.h>

main() {

int v[2][2];
    v[0][0] = 0;  v[0][1] = 1;        // primero fila cero
    v[1][0] = 2;  v[1][1] = 3;        // despues fila uno
    printf("%d",v[0][0]);
    printf("%d",v[0][1]);
    printf("%d",v[1][0]);
    printf("%d\n",v[1][1]);
    printf("%u\t",**v);               // 0,0
    printf("%d\t",*(*v)+1);           // 0,1
```

```
printf("%d\t",*(*v)+2);                    // 1,0
printf("%d\t",*(*v)+3);                    // 1,1
}
```

6.9. Notación Vectorial de Matrices

Es de proverbial importancia en la programación aplicaciones de bajo nivel el manejo de matrices de doble subíndice mediante un único subíndice. Esto es así, en parte debido a que en memoria lo que realmente se almacena al manejar una matriz es una secuencia de valores, lo que en realidad corresponde a una estructura vectorial. Al estar asi distribuida físicamente la información es natural que al emplear lenguaje ensamblador se deba manejar este buffer mediante un solo subíndice. Este modo de trabajo de los programadores de bajo nivel es muy empleado en C, debido a que en este lenguaje provee un mecanismo simple de manipulación de las matrices dentro de las funciones cuando estas son recibidas como parámetros.

Para acceder a los elementos de una matriz empleando un solo índice, basta considerar que cualquier posición de un elemento en una matriz bidimensional puede establecerse haciendo el siguiente cálculo:

Posición = número_de_fila * elementos_por_fila + número_de_columna + 1

Indice = número_de_fila * elementos_por_fila + número_de_columna

El índice esta calculado considerando que la indexación de un vector en lenguaje C empieza por 0. Se puede comprender mejor esta sencilla fórmula a partir de la Fig. VI.4.

El elemento [1][2] es el séptimo elemento si leemos la matriz de izquierda a derecha y de arriba hacia abajo. Aplicando la expresión vista sería:

Indice = 1 * 4 + 2 = 6

```
columnas:          0       1       2       3

filas       0   [0][0]  [0][1]  [0][2]  [0][3]

            1   [1][0]  [1][1]  [1][2]  [1][3]

            2   [2][0]  [2][1]  [2][2]  [2][3]
```

Figura 6.5: Un elemento de un arreglo matricial de dos dimensiones puede accederse mediante un único subíndice, es decir el elemento en la posición 1,2 tiene la posición secuencial 7 y puede ser accedido con un único coeficiente.

En el siguiente ejemplo se muestra el código de una función que retorna el valor almacenado en una fila y columna dada, empleando notación puntero-vectorial:

```
int nf;
...
                          /* i: numero de fila, j: número de columna, */
int matriz (int *p, int i,int j) {
    return (*p(i*nf+j+1));         /* nf: cantidad de elementos por fila */
}
```

6.10. Vectores y clases

El siguiente ejemplo se comprenderá apropiadamente al estudiar C++. Esta referido al empleo de vectores en C++ (en clases) usando la notación del C. Se incluye a los efectos de completar las posibles codificaciones.

```
#include <vcl\dialogs.hpp>

class vec {
int v[2];
    public:
    vec() { v[0]=1; v[1]=2; };
    prt() {ShowMessage( AnsiString(v[0]) + AnsiString(v[1])); };
};

WINAPI WinMain(HINSTANCE, HINSTANCE, LPSTR, int) {
    vec v1 = vec();
    v1.prt();   return 0;
}
```

7

Cadenas de Caracteres

7.1. Concepto

C no tiene un tipo "string", por lo que emplea arreglos unidimensionales de caracteres (vectores), para representar cadenas de caracteres. (En realidad puede emplearse una librería que lo define). En la biblioteca estándar hay varias funciones que trabajan con cadenas de caracteres (el vector) como un conjunto y no elemento por elemento. La representación de una cadena se muestra en la Fig. VII.1.

Figura 7-1: Organización de una cadena de caracteres en C

La declaración se realiza básicamente como sigue:

```
char frase[20], texto[80];
char mensaje[] = "Acá se inicializa";
```

Los elementos del tipo char tienen apóstrofos (') alrededor, a diferencia de las cadenas de caracteres que tienen comillas ("). Es importante observar y respetar esta diferencia.

Una cadena de caracteres tiene el elemento ASCII 0 como indicación de fin de cadena.

```
char frase[5] = "Hola";
char frase[5] = {'H','o','l','a','\0'};
```

Por este motivo siempre es necesario reservar un posición más que las que vamos a utilizar efectivamente.

Cuando asignamos o trabajamos con strings, este 0 se coloca en forma automática.

Es posible trabajar con las cadenas letra por letra, usando un lazo. En este caso SI debemos tener en cuenta la colocación del 0 al final de la cadena. Si no lo hacemos, la cadena será válida hasta que se encuentre un \0 ASCII en la memoria.

Vector de cadenas de caracteres: (matriz de letras).

```
Char
dias[7][8]={"lunes","martes","miércoles","jueves","viernes","sábado"};
```

o equivalentemente:

```
char
dias[ ][8]={"lunes","martes","miércoles","jueves","viernes","sábado"};
```

Lectura de una cadena:

```
char mensaje[40];
scanf( "%s", mensaje );
```

Observar que acá no debemos utilizar el "&" (el nombre de un arreglo es un pun-tero al primer elemento).En este caso estamos leyendo lo que se escriba hasta encontrar el primer espacio en blanco ó el <Enter>

Lectura hasta fin de línea: `char mensaje[40];    gets( mensaje );`

Impresión: `printf( "%s\n", mensaje ); ó  puts(mensaje );`

7.2. Otras funciones de string.h

Copia de c2 en c1   `strcpy(c1,c2);`

Agregado de c2 a continuación del con-tenido de c1   `strcat(c1,c2);`

Longitud de una cadena: `a=strlen(c1);`

Comparación de c2 con c1   `a=strcmp(c1,c2);`

0:iguales <0: c1<c2 >0: c1>c2

Puntero a la primera ocurrencia de un elemento char en una cadena: `a=strchr(c1,car);`

Puntero a la primera ocurrencia de una subcadena en una cadena: `a=strchr(c1,c2);`

8

Estructuras

8.1. Concepto

Las estructuras (tipo struct) son estructuras de datos de tamaño fijo como los vectores pero que a diferencia de estos pueden contener una secuencia de datos de distinto tipo.

Es decir, permiten agrupar variables que describen las características de algún elemento.

Por ejemplo las personas pueden describirse mediante un nombre (string), una edad (integer) y una estatura (float). Para relacionar estos elementos con una persona utilizamos una estructura. Podríamos representar este concepto mediante el siguiente gráfico, en el que cada rectángulo indica un campo y su longitud el tamaño del mismo (Fig. VIII.1).

Figura 8-1: Un tipo struct tiene un tamaño total constante y campos internos de distinto tamaño

El llamado tipo "struct" en C corresponde al tipo usualmente denominado "registro" o "tupla" en otros lenguajes y áreas de la programación.

8.2. Aplicaciones

- Acceso a registros de dispositivos de hardware.

- Manejo de archivos en Bases de Datos.

- Fundamento para la definición del tipo "clases" en C++.

- Estructuras de almacenamiento dinámico, también llamadas estructuras dinámicas de datos o estructuras autoreferenciadas (listas enlazadas, pilas, colas y árboles combinando apuntadores y estructuras.

- Manipulación individuale de bits. (Estructuras de campos de bit)

- Fundamento del tipo "Union".

8.3. Sintaxis

8.3.1. Forma general:

```
struct etiqueta {
    tipo nombre_var;
    tipo nombre_var;
    tipo nombre_var;
        ...
} variables_struct;
```

struct es la palabra reservada que se utiliza para la declaración.

No debe confundirse este **tipo de dato** del lenguaje C, que es "struct" y le llamamos estructura con la palabra estructura empleada en forma general al hablar de **estructuras de datos.**

8.4. Definición de "tipos con nombre" y "tipos sin nombre"

Notar que a diferencia de otros tipos, aquí debemos declarar primero un tipo de dato (molde) y luego las variables que usan ese tipo. La etiqueta sirve para darle un nombre al "molde" para generar variables de esta estructura, de la forma:

```
struct etiqueta var1, var2[10];
```

En ese caso declaramos el tipo "con nombre".

variables_struct o "tipos sin nombre" son variables del tipo de la estructura que están declaradas junto con la definición. Etiqueta y variables_struct pueden omitirse, no simultáneamente. El "tipos sin nombre" se ejemplifica a continuación. No se da nombre a la estructura, pero se declara una variable. No es posible declarar más variables de es tipo.

```
struct {
    char nom[9];
    char ext[4];
    long int longitud;
    char fecha[9];
    int hora, minutos;
} linea;
```

La declaración de una estructura no reserva ningún espacio en memoria. Lo que realmente genera es un nuevo tipo de datos. Este nuevo tipo es el que utilizamos para declarar variables que tendrán adelante la palabra reservada, es decir se trata de "tipos con nombre":

```
struct lindir {
    char nom[9];
    char ext[4];
    long int longitud;
    char fecha[9];
    int hora, minutos;
};

struct lindir ld1, ld2, ld[50];
```

8.5. Selector de campo

Para referirnos a un elemento en particular de la estructura (campo), utilizamos la notación:

```
variab_estructura.campo
```

Es decir, que debemos escribir el nombre de la variable de estructura seguido de un punto y a continuación, sin dejar espacios en blanco, el nombre del campo a que hacemos referencia.

Como sucede con cualquier tipo de variable, podemos declarar e inicializar una estructura en una sola sentencia.

```
struct lindir linea2= { "CAMBIO",  "EXE", 23895, "27/09/99", 16, 09 };
```

Esto nos recuerda la declaración e inicialización simultánea de arreglos, simplemente que en este caso hay que asignar elementos de distinto tipo.

En el medio de un programa debemos utilizar las sentencias adecuadas para el cambio de valor de las variables, p. ej:

```
strcpy(lindir.ext, "COM");
```

Ejemplo: Codificar un programa que almacene las coordenadas de un punto en el plano y calcule la distancia del punto al origen empleando el tipo struct.

```
#include <stdio.h>
#include <math.h>

struct punto{
    float x;
    float y;
};

main() {
    struct punto s; float result;
    scanf("%f %f", &s.x, &s.y);
    result = sqrt(s.x *s.x+ s.y *s.y);
    printf("%f",result);
}
```

8.6. Anidamiento de estructuturas

Dentro de una estructura podemos declarar otras estructuras. Cuando nos referimos a un elemento de una estructura anidada, separamos cada uno de los nombres de variables de estructura con puntos, hasta teminar con el nombre del campo buscado.

```
struct sfecha { int dia, mes, anio; }

struct shora { int horas, minutos; }

struct lindir {
    char nom[9];
    char ext[4];
    long int longitud;
    struct sfecha fecha;
    struct shora hora;
```

```
    } prinlin;
    prinlin.fecha.dia = 23;
```

Una estructura aislada no es de mucha utilidad, mas común es tener arreglos de estructuras o punteros a estructuras.

La declaración de un arreglo de estructuras se hace así:

```
    struct lindir director[10];
```

La asignación de un elemento de esta estructura se hace así. director[7].fecha.mes = 4;

8.7. Typedef

typedef es una palabra reservada que me permite generar un sinónimo de un tipo existente o declararlo, declarado una estructura de la siguiente manera:

```
    struct sbase {..........};
```

Para declarar variables de esa estructura debemos indicar:

```
    struct sbase var1, var2, var3;
```

Con typedef generamos un sinónimo como sigue:

```
    typedef struct sbase base;
```

Ahora base, (sinónimo de struct sbase) se comporta como un nuevo tipo: (Esto no cambia el concepto, sólo genera un sinónimo)

```
    base var1, var2, var3;
```

También podemos utilizar el typedef en el mismo momento que estamos declarando la estructura, p. ej.:

```
    typedef struct sbase {  ...;  ...; } base;
```

Ahora utilizamos base para declarar variables de esa estructura.

Para abreviar más aún se puede omitir el nombre de modelo de la estructura, esto es:

```
    typedef struct {  ...;  ...; } base;
```

base puede ser utilizado para declarar variables.

8.8. Punteros a estructuras. Paso de parámetros

Las estructuras se puedn pasar por valor a las funciones, siendo mas recomendable pasarlas por referencia pasando un puntero a estructura (es mas rápido ya que se pasa solo la dirección de la struct).

Se pueden establecer punteros a estructuras al igual que los punteros a cualquier otra clase de variable.

```
struct ldir *s;
```

Los punteros a estructuras se utilizan por muchos motivos:

- pasaje de estructuras <u>por referencia</u>,

- generación de listas enlazadas y árboles utilizando la memoria dinámica.

- Polimorfismo (en el empleo de clases (C++) las cuales surgen como derivación del tipo struct.

Ejemplo: Codificar un programa que almacene las coordenadas de un punto en el plano y calcule mediante una función la distancia del punto al origen empleando el tipo struct.

La función debe recibir el tipo struct por referencia.

```c
#include <stdio.h>
#include <math.h>

struct punto{
    float x;
    float y;
};

float funcion(struct punto *);

main() {
    struct punto s; float result;
    scanf("%f %f", &s.x, &s.y);
    result = funcion(&s);
    printf("%f",result);
}

float funcion(struct punto *){
    return ( sqrt( (*s).x  * (*s).x +  (*s).y  * (*s).y) );
}
```

Como se ve la forma de referirse a los campos de la struct cuando esta esta referenciada mediante un puntero es anteponiendo el operador de desreferencia (*).

8.9. Operador "flecha"

Como se ha mencionado para referirnos a un elemento de una estructura referenciada mediante un puntero se emplea en C la forma siguiente:

```c
(*linea).longitud = 512000;
```

Por motivos que tienen que ver con la diferencia entre el tipo struct y las clases, esta expresión es reemplazada en C++ por:

```c
linea->longitud = 512000;
```

En C ambas notaciones son equivalentes pero es mas frecuente la primera. En C++, como se vera mas adelante estas notaciones se emplean para las clases que son elementos del lenguaje C++

derivados del tipo struct. Por motivos que se verán oportunamente estas notaciones no son equivalentes para las clases (C++), por lo que en C++ se emplea casi siempre la segunda (->).

Ejemplo: Codificar un programa que;

1) Defina un tipo struct para almacenar coordenadas de un punto en el plano.

2) Ingrese un valor entero k.

3) Alamcene k puntos en un buffer vectorial creado dinámicamente.

4) Pase el vector por referencia a una función para que esta calcule e imprima el promedio de las coordenadas x e y.

```c
#include <stdio.h>
#include <alloc.h>

struct punto{  float x;  float y; };
void f(struct punto *);

main() {
    struct punto *buffer;
    int k,i;
    scanf("%d, &k);
    buffer = (struct punto *)malloc(sizeof(*buffer)*k);
    for(i=0,i<k,i++){  scanf("%f %f", (buffer+i).x, (buffer+i).y);  }
    f(buffer);
}

void f(struct punto *buf){
    int i;
    float sumx=0, sumy=0;
    for(i=0,i<k,i++){
    sumx += (buf+i).x;
    sumy += (buf+i).y;
}
    printf("%f%f",sumx/k,sumy/k);
}
```

9

Campos de Bit

9.1. Concepto

Los campos de Bit son números específicos de bits que pueden o no tener un identificador asociado. Los campos de Bit ofrecen un camino para subdividir estructuras (structs, unions, clases) en partes con nombre de tamaños definidos por el usuario.

Declaración: Se especifican con un identificador opcional como sigue:

tipo <campo de bit id> : número_de_bits_de_tamaño;

En C++, el tipo es booleano, char, unsigned char, short, unsigned short, long, unsigned long, int, unsigned int,_int64 or unsigned_int64. En estricto ANSI C, tipo es int o unsigned int.

El tamaño debe especificarse siempre y debe corresponder a un entero constante. En C++ , el tamaño puede ser cualquiera. En ANSI C, el tamaño tiene como límite la medida del tipo declarado.

Si se omite el identificador, el número de bits especificado es reservado, pero el campo no es accesible. Esto es empleado para trabajar en correspondencia con patrones de bit como en el caso de registros de hardware en los que algunos bits no sean empleados.

> Sólo pueden decalrarse en structs, uniones y classes. Se aceeden con los mismos selectores de campo (.and ->) que se emplean para campos comuncs.

9.2. Limitaciones

Código no-portable debido a que la organización de bits-en-bytes y bytes-en-palabras es dependiente de la máquina..

No se puede obtener la dirección de un campo de bit; la expresión &mystruct.x es ilegal si x es un identificador de campo de bit, esto porque no hay garantía de que mystruct.x es una direcciñón de byte.

Los campos de bit se usan para empaquetar más variables en menor espacio de almacenamiento, pero requieren que el compilador genere código adicional para su manipulación. Esto es costoso en términos de tamaño del código y tiempo de ejecución.

Debido a estas desventajas los campos de bit son usualmente evitados en programación de alto nivel, pero se emplean en ciertos casos de programación de bajo nivel. Una alternativa recomendable para emplear variables de un bit, o banderas es emplear la directiva #define:

```
#define Nothing      0x00
#define bitOne       0x01
#define bitTwo       0x02
#define bitThree     0x04
#define bitFour      0x08
#define bitFive      0x10
#define bitSix       0x20
#define bitSeven     0x40
#define bitEight     0x80
```

se puede emplear en código como el siguiente:

```
if (flags & bitOne) {...}       // si bit esta encendido (on)
flags |= bitTwo;                // poner bit dos on
flags &= ~bitThree;             // poner bit Tres off
```

Algo similar puede hacerse con cualquier tamaño de campos de bit.

9.3. Recubrimiento (padding)

En C++ , si el tamaño es mayor que el tipo de campo de bit, el compilador insertará un envoltorio igual al tamaño requerido menus el tamaño del tipo del campo de bit, asi la declaración:

```
struct mystruct {  int i : 40;  int j : 8; };
```

Crea un almacenamiento de 32 bit para 'i', y 8 bit adicionales, y 8 bit de almacenamiento para 'j'.

9.4. Layout y alineamiento

Los campos de bit se separan en grupos de campos consecutivos del mismo tipo, sin consideración de signo. Cada grupo de campos de bit se alinea según el alineamiento del tipo actual de los miembros del grupo.

Este alineamiento esta determinado por el tipo y por un seteo de alineamiento global (opción de alineamiento de byte –aN). Dentro de cada gupo, el compilador empaqueta los campos de bit dentro de areas tan grandes como el tamaño del tipo de los campos de bit. Níngún campo de bit puede saltear el límite entre estas 2 áreas. El tamaño de toda la estructura esta alineado, según queda determinado por el alineamiento actual.

Ejemplo the campos de bit, recubrimiento (Padding) y alineamiento:

En la siguiente declaración C++, my_struct contiene 6 campos de bit de 3 tipos diferentes, int, long, y char.

```
struct my_struct {
    int one :               8;
    unsigned int two :      16;
    unsigned long three :   8;
```

```
        long four :              16;
        long five :              16;
        char six :               4;
};
```

Los campos de bit 'one' y 'two' seran empaquetados en un área de 32 bit. Luego, el compilador inserta "padding", si es necesario, basado en el alineamiento actual, y el tipo de three, a causa de los cambios de tipo entre las declaraciones de las variables two y three. Por ejemplo, si el alineamiento en curso es de un byte (byte alignment) (-a1), no se requiere padding, mientras que, si el alineamiento es 4 bytes (-a4), luego se inserta envoltorio de 8 bit.

Siguiendo con el ejemplo, las variables three, four, y five son de tipo long. Las variables three y four estan empaquetadas en un área de 32 bit, pero five no puede empaquetarse en la misma área, dado que se crearía un área de 40 bits, la que es mayor que los 32 bit permitidos para el tipo long. Para iniciar una nueva área para five, el compilador no insertará padding si el alineamiento actual es tipo byte, o insertará 8 bits de envoltorio si el alineamiento en curso es alineamiento dword (4 byte).

Con la variable six, el tipo cambia de nuevo. Dado que char es siempre "byte aligned", no se requiere padding. Para forzar el alineamiento de la struct completa, el compilador finalizará la última area con 4 bits de padding si emplea "byte alignment" o 12 bits de padding si se emplea "dword alignment".

El tamaño total de my_struct es 9 bytes con "byte alignment", o 12 bytes con "dword alignment".

Para obtener los mejores resultados:

- Almacenar los campos de bit según su tipo

- Asegurarse de que estan empaquetados dentro de areas ordenándolos de modo tal que no queden campos de bit superando el tamaño del tipo asignado

- Asegurarse que la struct este tan completa como sea posible.

- Otra recomendación es forzar el alineamiento de byte para esta struct, emitiendo una "#pragma option -a1".

Para conocer el tamaño de una estructura, puede emplearse "#pragma sizeof(mystruct)", con lo que se obtiene el tamaño.

9.5. Empleo de campos de bit de un bit con signo

Para un tipo con signo de un bit, los posibles valores son 0 o −1. Para un tipo sin signo de un bit, los posibles valores son 0 o 1. Notar que si se asigna 1 a un campo de bit con signo, el valor será evaluado como −1 (uno negativo).

Cuando se almacenan valores verdadero y falso en un campo de bit de tamaño de un bit de un tipo con signo, no se puede testear por igualdad a true porque este tipo de dato solo puede tener los valores '0' y '-1', los que no son compatibles con true y false.

De todos modos se puede testear para distinto de cero.

Para tipos sin signo, y el tipo booleano, Los test de igualdad a true trabajan del modo usual.

Luego:

```
struct mystruct {    int flag : 1; } M;
int testing() { M.flag = true; if (M.flag == true) printf("success");}
```

No funcionará, pero:

```
struct mystruct { int flag : 1; } M;

int testing() { M.flag = true; if (M.flag) printf("success");}
```

es correcto.

9.6. Compatibilidad

De acuerdo con el estandard C y C++, el alineamiento y almacenamiento de los campos de bit esta definido en la implementación. Entre diferentes versiones de compiladores, puede haber diferencias en el alineamiento. Por este motivo no hay garantía de que el alineamiento de campos de bit se mantenga consistente entre distintas versiones y compiladores. Para chequear esto en el código pueden emplearse "assert" que chequean el tamaño de struct esperado.

Para un cotrol absoluto por parte del programador sobre el layout de los campos de bit, se recomienda escribir rutinas propias de acceso y crear también campos propios.

10

Uniones

10.1. Concepto, sintaxis y ejemplos

Una union es una estructura de datos que puede hacer referencia a los datos contenidos por esta mediante campos diferentes (es decir que estos pueden ser de distintos tipos o tamaños). Proporcionan la forma de manipular diferentes clases de datos dentro de la misma area de almacenamiento. Es decir que los datos almacenados son siempre los mismos.

Ejemplo

Codificar un programa que lea un valor int definido dentro de una estructura union, e imprima el LSB como carácter.

```
#include<stdio.h>

union demo {
    int i;
    char c;
}

main () {
    union demo k;
    scanf("%d",&k.i);
    printf("%c",k.c);
}
```

Ejemplo: visualizacion de patron de bits para caracteres de teclado.

```
#include<stdio.h>
struct byte {
    int a:1;        int b:1;      int c:1;      int d:1;
    int e:1;    int f:1;      int g:1;      int h:1;
}
union bits { char ch; struct byte bit;} ascii;

main () {
    while ((ascii.ch = getchar()) != 's')  {
printf("\n");
        if (ascii.bit.a)  printf("1 ");      else printf("0 ");
        if (ascii.bit.b)  printf("1 ");      else printf("0 ");
        if (ascii.bit.c)  printf("1 ");      else printf("0 ");
        if (ascii.bit.d)  printf("1 ");      else printf("0 ");
```

```
            if (ascii.bit.e) printf("1 ");      else printf("0 ");
            if (ascii.bit.f) printf("1 ");      else printf("0 ");
            if (ascii.bit.g) printf("1 ");      else printf("0 ");
            if (ascii.bit.h) printf("1 ");      else printf("0 ");
            getchar();       printf("\n");
        }
    }
```

Un ejemplo de empleo de uniones en programación de bajo nivel es el uso de la union regs en el SO DOS, la cual permite manipular los registros fundamentales del microprocesador.

Ejemplo

Setear modo grafico y dibujar un pixel usando interrupciones

```
#include <dos.h>

#define mo int86(0x33, &regs, &regs)                        // macro

union REGS regs;

void main(void) {            // OOH servicio de seteo modo video int 10H
    regs.h.ah=0x0;           // Funcion 00H
    regs.h.al=0x11;          // Modo video 11 (16 col VGA)
    int86(0x10,&regs,&regs); // Inter 10H servicios de video
    regs.h.al=4;             //color-dibuja un pixel Int 10H Funcion 0CH
    regs.h.cl=5;             //j
    regs.h.ch=0;
    regs.h.dl=5; //i
    regs.h.dh=0;
    regs.h.bh=0;
    regs.h.ah=0x0C;
int86(0x10,&regs,&regs);
}
```

Las siguientes definiciones corresponden al archivo DOS.H. La union REGS se usa para pasar información a y desde las funciones: int86, int86x, intdos, intdosx

```
struct BYTEREGS {
    unsigned char  al, ah, bl, bh;
    unsigned char  cl, ch, dl, dh;
};

struct WORDREGS {
    unsigned int  ax, bx, cx, dx;
    unsigned int  si, di, cflag, flags;
};

    union REGS {
    struct  WORDREGS  x;
    struct  BYTEREGS  h;
};
```

11

Operadores Binarios

11.1. Operadores lógicos

Una de las actividades mas importantes en la programación de bajo nivel tiene que ver con la manipulación de bits en forma aislada (bits individuales o grupos menores que un byte). Esto es requerido en muchos casos. Un ejemplo clásico lo tenemos cuando se necesita configurar y manipular interfaces de hardware, las que disponen de lugares de memoria (registros) del tamaño de un byte o múltiplo de este, pero en los que cada bit (o un conjunto de unos pocos bits) puede tener un significado independiente de los demas. Por ejemplo, para recibir la información de un error producido en una máquina conectada a un computador, solo necesitamos un bit, pues desde el punto de vista lógico "hay error" o "no hay error". Si por ejemplo tuvieramos tres causas de error posibles necesitaríamos dos bits para definir cuatro estados "no hay error", "error 1", "error 2" y "error 3", etc.

A pesar de ser tan crítico la manipulación de bits, la mayoría de las ordenes y operadores del lenguaje C estan restringidas a variables del tamaño de un byte o múltiplos de este.

Algunas posibles formas de manipulación de bits son:

- Campos de bits (ya vistos).

- Comandos específicos en ciertos ensambladores.

En este capítulo se hace referencia a los operadores binarios (en particular en C), cuya importancia en programación de bajo nivel excede largamente al lenguaje C, a los campos de bits y a los comandos específicos para manipulación de bits de algunos ensambladores. Esto es debido a que constituyen el modo mas generalizado de manipular los bits individuales (es decir que en ensamblador y otros lenguajes es la forma mas difundida de manipular bits).

Fundamentalmente la tarea de estos operadores consiste en tomar dos argumentos enteros y evaluar internamente la operación bit a bit. Para la explicación siguiente es necesario tener presente al menos para un tamaño de un byte la relación entre valores binarios y decimales, es decir:

Valores de bits

bit	7	6	5	4	3	2	1	0	LSB->a derecha
valor	128	64	32	16	8	4	2	1	

Puede comprenderse claramente el uso de estos operadores a partir de los siguientes ejemplos que a su vez son los casos mas comunes en los cuales se emplean.

Los símbolos empleados en C son:

       & ❷ and | ❷ or ~ ❷ complemento a uno >><< ❷ de corrimiento (shift)

11.2. Determinar si un bit esta en 1

Bit seteado significa que ese bit tiene un valor 1 lógico. (O sea independientemente de la tensión que define el uno lógico). En la sentencia siguiente status podría representar el valor de un puerto, y la comparación retorna un valor que puede ser cero o no-cero. En lenguaje C el valor cero es tomado como el valor booleano falso por el compilador y el valor distinto de cero como verdadero, por lo que la comparación (status & 16) establece una condición booleana.

```
if (status & 16) { . . . }
```

Suponiendo que el valor de la variable sea status = 40 decimal, tenemos que el compilador hara la siguiente operación bit a bit:

Status	0	0	1	0	1	0	0	0
Patron bajo prueba	0	0	0	1	0	0	0	0
resultado AND	0	0	0	0	0	0	0	0

El resultado en cualquier base sera cero o falso, con lo cual se probo el estado de ese bit.

Suponiendo ahora que el valor de la variable sea status = 52 decimal, tenemos que el compilador hara la siguiente operación bit a bit:

status = 52 decimal

Status	0	0	1	1	0	1	0	0
Patron bajo prueba	0	0	0	1	0	0	0	0
resutado AND	0	0	0	1	0	0	0	0

con lo cual el resultado es verdadero (true) significando que el bit esta seteado. Evidentemente este procedimiento requiere calcular el operador a usar que corresponde al valor decimal dado por el byte que solo tiene un uno en la posición a probar. (En el ejemplo 16)

11.3. Poner un bit a 1

La sentencia siguiente setea el bit 3 y lo almacena en dato: dato = dato | 8;
Es equivalente a escribir   dato |= 8;

El compilador calcula en forma similar al ejemplo anterior como sigue:

dato	0	0	1	0	0	1	0	1
8	0	0	0	0	1	0	0	0

resutado OR	0	0	1	0	1	1	0	1

11.4. Poner un bit a 0

La sentencia siguiente setea el bit 3 y lo almacena en dato: dato = dato & (~32);
Es equivalente a escribir dato &= ~32;

~ calcula el complemento a uno de 32

El compilador calcula en forma similar al ejemplo anterior como sigue:

32	0	0	1	0	0	0	0	0
~32	1	1	0	1	1	1	1	1

dato	0	1	1	0	1	0	1	0
~32	1	1	0	1	1	1	1	1

resutado AND	0	1	0	0	1	0	1	0

Ejercicio: Codificar un programa que lea un entero (8 bits) y un numero de bit (0 . . .7) y determine si para el entero el bit correspondiente al numero ingresado esta seteado, si esta cambiarlo a cero y si no cambiarlo a uno.

11.5. Operadores de corrimiento

Con mucha frecuencia se dispone de los bits "empaquetados" en varios bytes, y se requiere acceder a solo un byte por vez. Esto puede facilitarse empleando los operadores de corrimiento. El siguiente ejemplo muestra el empleo de estos operadores.

Ejemlo: Dividir un dato de 16 bits en dos datos de 8 bits utilizando el operador de corrimiento

```
# include <stdio.h>
main () {
    unsigned int word;
    unsigned char LSB MSB;
    word = 0xef24;
    lsb = word;
    msb = word >> 8;
    printf("\n%x %x %x", word, msb, lsb);
}
```

Variables booleanas en C: Al evaluar una condición el entero "0" es tomado como FALSE y valores enteros diferentes de "0" como TRUE

Los operandos enteros se emplean para independizarse del tamaño de la palabra.

Como siempre existen alternativas. Una muy empleada consiste en efectuar el corrimiento multiplicando el byte por el valor dos elevado a una potencia n igual al numero de bits que se desean desplazar. Por ejemplo:

Dado el byte 00000100 ➋ 4d

Se debe desplazar un bit a la "izquierda". Esto se logra multiplicando por dos a la primera potencia, es decir dos, con lo que queda

4d * 2 = 8d ➋ 00001000

12

Estructuras Dinámicas de Datos

12.1. Introducción

Se denomina Estructuras Dinámicas de Datos (EDD) a una organización de datos cuya característica principal es que pueden crecer y reducirse durante la ejecución del programa. Esto permite un uso mas eficiente de la memoria que en el caso de emplearse vectores.

Clasificación. Las mas frecuentemente empleadas son:

- Pilas

- Colas

- Listas doblemente ligadas

- Árboles binarios

12.2. Aplicaciones

Pilas: Sistemas Operativos y controladores de lenguajes de alto nivel

Listas: Programas que requieren una mayor versatilidad que la ofrecida por las pilas para el manejo de los datos. Permiten localizar elementos internos, quitarlos, agregarlos etc. lo que se conoce como *cirugía de listas*

Árboles: Interfaces gráficas, búsquedas y ordenamiento rápido de datos, sistemas de diseño gráfico computarizado etc.

Las estructuras dinámicas se basan en el encadenamiento de estructuras *struct* llamándose también *estructuras autoreferenciadas*.
Se alcanza asi una de las aplicaciones mas importantes del tipo *struct*. Cada una de estas estructuras autoreferenciadas constituye el componente básico con el cual formar las listas y árboles. Este elemento básico suele denominarse *nodo*.

12.3. Nodo. Concatenación de nodos

Las EDD están compuestas por estructuras de datos concatenadas a traves de punteros. En los casos mas comunes, (a los que nos referiremos aquí) estas estructuras que se encadenan para formar las EDD son todas del mismo tipo. Cada uno de estos módulos que pueden concatenarse como, por ejemplo, los eslabones de una cadena suele denomimarse en general "nodo".

En general, cada nodo puede tener tantos datos y punteros a otros nodos como se requiera. En C los nodos se definen a través de tipos struct y punteros, por lo que en lenguaje C se denomina también a los nodos "estructuras autoreferenciadas". Un ejemplo sería:

```
struct autoref {  int dato;  struct autoref *psig;  }
```

Donde psig es un puntero a otro dato del mismo tipo (nodo). Los lenguajes que emplean sistemas de almacenamiento dinámico (como C y C++) están construidos para poder interpretar el significado de este código, ya que de lo contrario, no podrian evaluar la declaración de un dato en el que el mismo incluye el tipo de dato que se esta declarando.

para inicializar la estructura dinámica se inicializan los punteros respectivos:

```
struct autoref *p, *q;
```

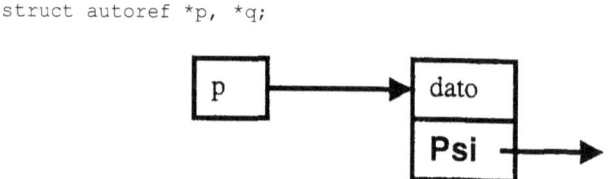

Figura 12-1: Representación gráfica de un nodo compuesto de un dato simple y un puntero a otro nodo.

Empleando estas definiciones (u otras según los lenguajes) las EDD pueden construirse, emplearse, y modificarse. Esto último (las modificaciones de EDD) consiste en quitar nodos intermedios de una EDD, agregar nodos intermedios a una EDD, invertirla si se trata de una lista, unir listas, dividirlas, etc. Este conjunto de operaciones de modificación de la estructura de una EDD, recibe el nombre de "cirugía de listas" y constituye una parte importante del núcleo de ciertos lenguajes.

Para analizar el mecanismo de construcción, aplicación y cirugía de las EDD, resulta práctico emplear representaciones gráficas.

Los mencionados nodos se representan como indica la Fig. XII.1, una lista como indica la Fig. XII.2.

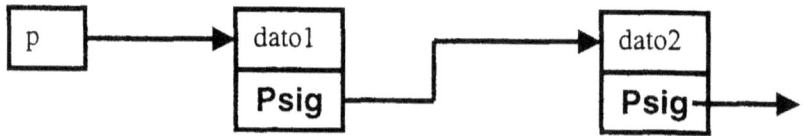

Figura 12-2: Representación de nodos enlazados para formar un EDD de tipo lista.

Para poder construir y aplicar estas estructuras es necesario también tener en cuenta los punteros a NULL. Un puntero que apunta a null se denota gráficamente como muestra la figura XII.3.

Para esto último se le debe asignar NULL a la variable de puntero. En C el valor de NULL es cero (o valores equivalentes a los efectos de las aplicaiones que están definidos en cada compilador).

Es un caso muy especial en que se asigna un valor que depende del compilador, y que puede ser entero, a una variable de puntero.

Figura 12-3: Representación de un puntero que apunta a *NULL*

12.4. Último-en-entrar-primero-en-salir. Algoritmo para almacenar datos

Se denomina Lista de tipo Pila, o también L.I.F.O. (last-In-First-Out, último-en-entrar-primero-en-salir) a una EDD en la que el funcionamiento es semejante a una pila de platos en una cafetería. Es decir, como el acceso a los datos alamacenados es secuencial se requiere explorar todos los datos almacenados a partir de un extremo hasta dar con el dato requerido. En este caso (Pila) se comienzan a recorrer los datos comenzando por el último que ingreso hasta llegar al buscado, por lo que se da una analogía con el poner y sacar platos en una pila de platos (por ejemplo en una cafetería), que es el motivo del nombre pila. A continuación se enumera y se representan gráficamente los pasos para construir una pila y almacenar datos en ella.

En el siguiente algoritmo se espera crear una lista que almacene caracteres en los nodos del tipo:

```
struct autoref {
    char dato;
    struct autoref *sig;
};
```

1) Base a NULL Se declara un puntero que podemos denominar base y que sirve en este caso para mantener la dirección por donde comenzar a recorrer la lista.

Reservamos memoria para almacenar los datos de un nuevo nodo:

2) New (p) o o = (struct autoref *) malloc

3) Almacenar dato

4) psig a NULL – Apuntando a la base –
Es necesario para encontrar el fin de la
lista al recorrela una vez creada.

5) Mover base. Es decir apuntar adonde
apunta p

6) Crear nuevo nodo new (p)

7) Leer dato

8) Aputar psig a la base

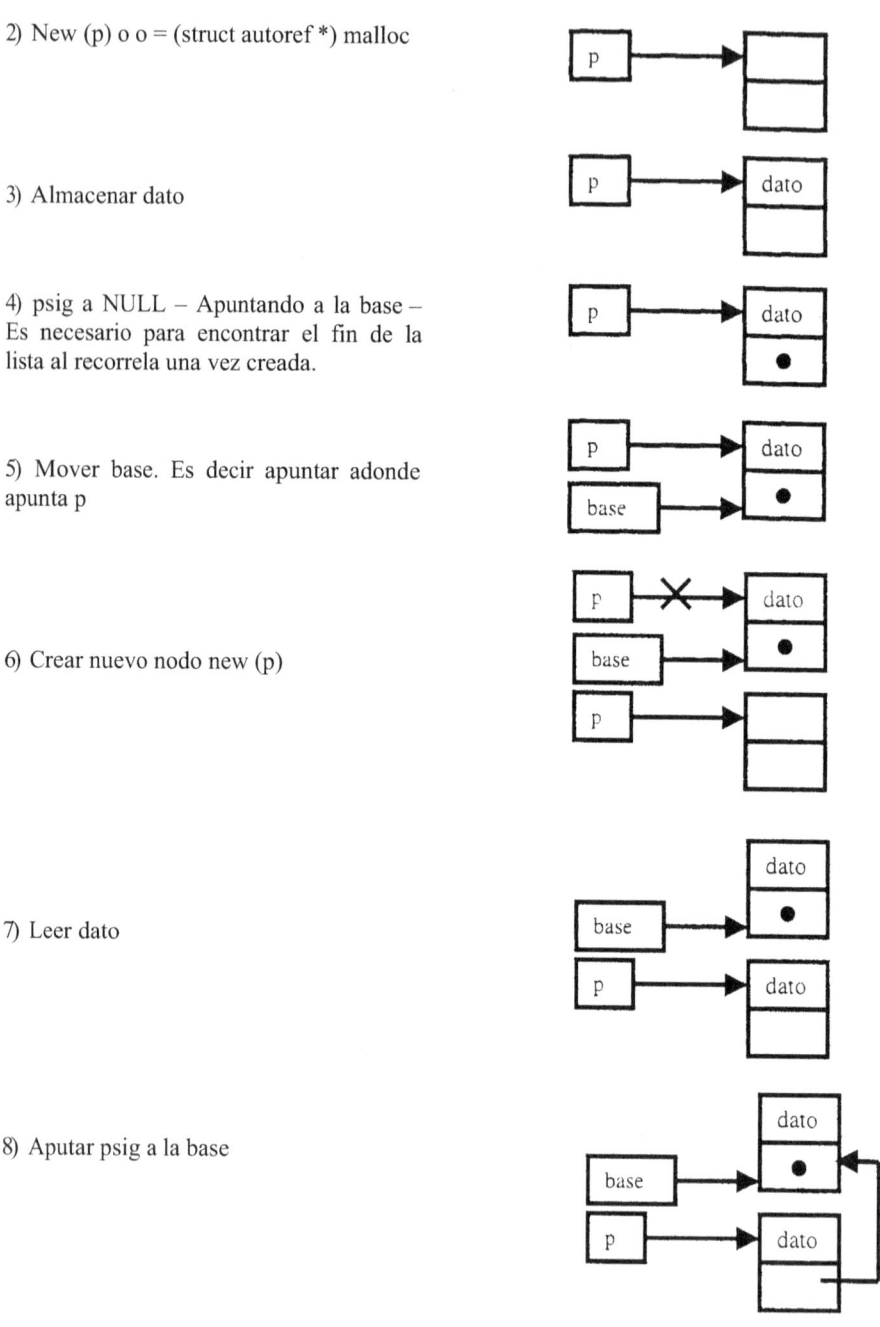

Es importante notar el sentido de la flecha que un en el paso (8), el nodo referenciado por p y el
nodo referenciado por base. No tendrúia el mismo significado haber realizado la conexión al reves
(de base a p). Esto es debido a que la lista debe recorrerse a partir de la posición final de base que
es la referencia, y que se muestra en el paso (9).

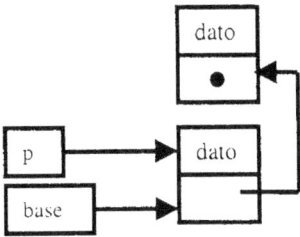

9) Mover base

10. Se reiteran 6, 7, 8, 9

12.5. Codificación

El código para recorrer la estructura una vez almacenados los valores es del tipo:

```
p=base;
while (p != NULL) {  printf "%c",(*p).dato);     p = (*p).sig;     }
```

La codificación del algoritmo mostrado, correspopndiente al almacenamiento de una secuencia de caracteres es:

Como en el resto de los ejemplos emplear las sentencias de e/s que se adapten al compilador empleado, como se menciono en el primer capítulo.

```
# include <stdio.h>
# include <stdlib.h>

struct autoref {
    char dato;
    struct autoref *sig;
};

main() {
    struct autoref *base,*p;
    char c;
    base = NULL;
while ((c=getchar()) != 's')    {
    p = (struct autoref *) malloc(sizeof(*p));
    (*p).dato = c;
    (*p).sig  = base;
    base      = p;
    }
printf("Lista almacenada");
scanf ("%c",c);
while (p != NULL)    {
    printf ("%c",(*p).dato);
    p = (*p).sig;
    }
}
```

12.6. Primero-en-entrar-primero-en-salir. Algoritmo para almacenar datos

En este caso el nombre de la lista deviene de la similitud con una cola de personas (por ejemplo como podría ser en la caja de un supermercado). Como el primero en tomar su puesto en la cola es el primero en ser atendido y salir, se llama también F.I.F.O. (Firts In- First Out, es decir primero en entrar-primero en salir). Los algoritmos explicados aquí para estas estructuras corresponden a la programación de medio y alto nivel, existiendo formas semejantes de manipulación de datos en bajo nivel (ensamblador).

Dado un problema similar al visto en el punto anterior, pero teniendo como fin una estructura de lista FIFO, los pasos del algoritmo serían los siguientes.

1. `New(p)  o  p=(struct autoref *)malloc...`

2. almacenar dato

3. psig a NULL (por disciplina, y para determinar el fin de la lista cuando esta sea recorrida)

4. Apuntar base al primer nodo

5. Crear nuevo nodo new (q);

6. Leer dato

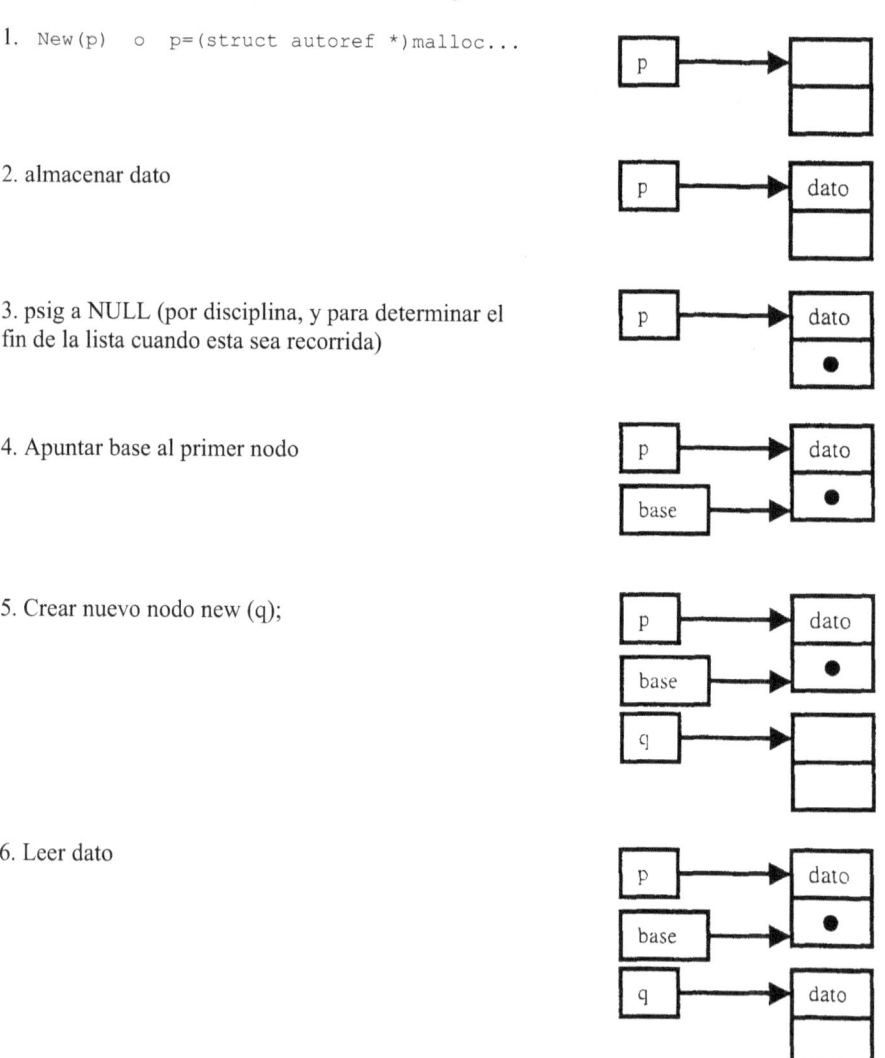

7. Apuntar psig a donde apunta q. Notar el sentido de la flecha que permitirá posteriormente recorrer la lista FIFO en un solo sentido a partir de la posición final de la base.

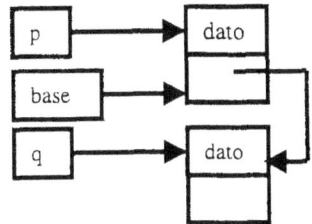

8. Mover p donde apunta q. Esto se hace para que al crear un nuevo nodo no se pierda la dirección del anterior y pueda enlazarse.

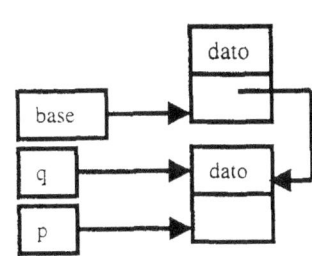

9. Crear nuevo q y reiterar 6,7,8,9

12.7. Codificación

A continuación se muestra el código correspondiente al problema de almacenar caracteres en una lista FIFO.

```
# include <stdio.h>
# include <stdlib.h>

struct autoref {
    char dato;
    struct autoref *sig;
};

main() {

    struct autoref *base,*p,*q;
    char c;
    base = NULL;
    p =       NULL;
    q =       NULL;
    p = (struct autoref *) malloc (sizeof (*p) );
    base = p;
    (*p).dato = c;
    (*p).sig  = NULL;

while ((c=getchar()) != 's')  {
    q = (struct autoref *) malloc(sizeof(*p));
    (*p).sig    = q;
    p           = q;
    (*p).dato = c;
    }
printf("Lista almacenada");
scanf ("%c\n",c);                          // pausa
```

```
p = base;                                // recorrido
while (p != NULL)   {
printf ("%c",(*p).dato);
p = (*p).sig;   }
}
```

12.8. Lista doblemente ligada. Algoritmo para almacenamiento de datos

Podemos concebir a una lista doble o doblemente ligada como la superposición de las dos listas simples ya vistas (LIFO y FIFO). El objeto de la lista doble es poder recorrer con naturalidad la lista en ambos sentidos. Recorrer la lista en ambos sentidos es una tarea requerida en muchas aplicaciones que emplean listas y no resulta una tarea rápida en una lista simple. Es decir, si queremos recorrer una lista simple en forma inversa a aquella para la cual ha sido definida (o sea si es FIFO como LIFO y viceversa) no tendríamos mas remedio que almacenarla en otra lista como la deseada y recien entonces recorrerla. Dado que el tamaño de la lista no es constante, almacenarla invertida en otra estructura es una tarea que demanda un tiempo de cálculo importante, no solo por algunas cosas a tener en cuenta en el algoritmo sino simplemente porque debemos crear los nodos de la nueva lista. (o adaptar una lista creada con anterioridad).

Podemos representar como sigue los pasos a cumplir para almacenar una secuencia de caracteres en una lista doble:

1. New (p)

2. Almacenar dato

3/4. psig1/2 a NULL

5/6. base1/2 a *p

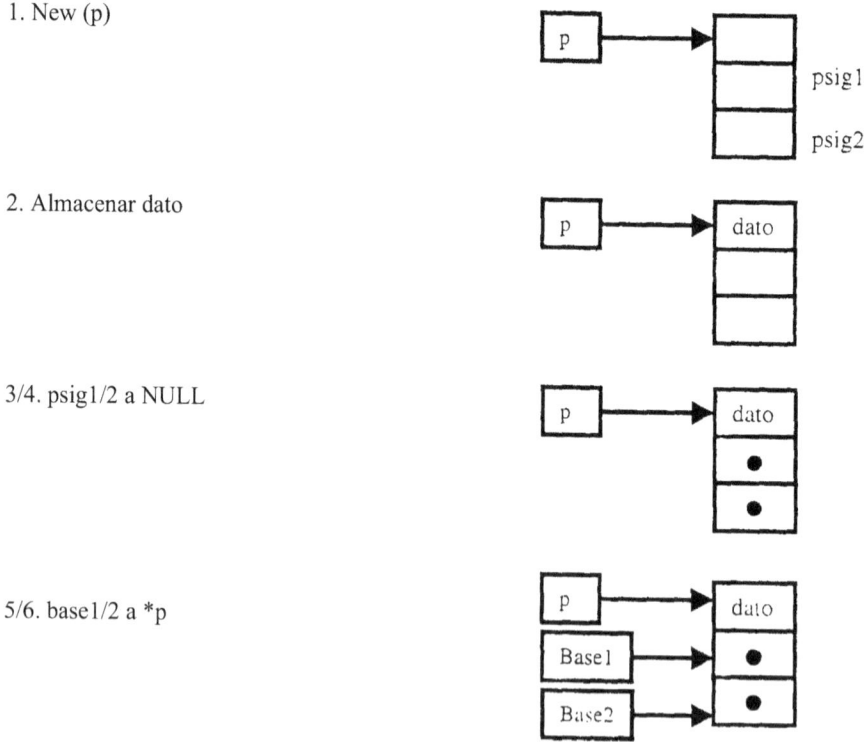

7. crear nuevo nodo q

8. unir nodos

9. almacenar dato

10. psig1 a NULL

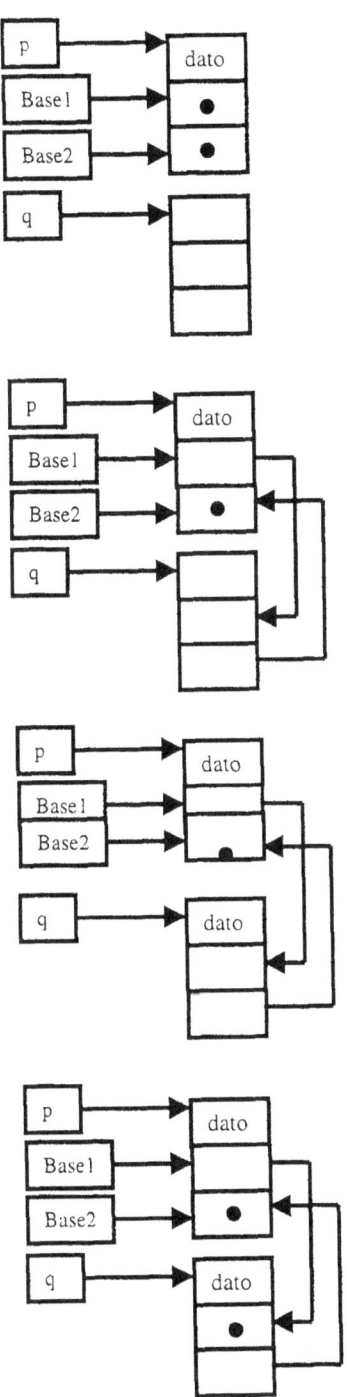

11. mover p

13. Crear nuevo q reiterando el ciclo (7,8,9,10,11,12)

12.9. Codificación

A continuación se ejemplifica el caso visto anteriormente aplicado a una lista doblemente ligada.

```
# include <stdio.h>
# include <stdlib.h>
struct autoref {
    char dato;
    struct autoref *sig1;
    struct autoref *sig2;
    };
main() {
    struct autoref *base1,*base2,*p,*q;
    char c;
    base1 = NULL;base2 = NULL;
    p = NULL; q = NULL;
    p = (struct autoref *) malloc (sizeof (*p) );
    base1 = p;
    base2 = p;
    (*p).dato = c;
    (*p).sig1 = NULL;(*p).sig2 = NULL;
    while ((c=getchar()) != 's')
        {
        q = (struct autoref *) malloc(sizeof(*p));
        (*p).sig1 = q;
        (*q).sig2 = p;
        p          = q;
        base2      = q;
        (*p).dato = c;
        }
printf("Lista almacenada");
scanf ("%c\n",c);
p = base1;
while (p != NULL) {
    printf ("%c",(*p).dato);
    p = (*p).sig1;
    }
printf("Recorrido inverso");
scanf ("%c\n",c);
    p = base2;
while (p != NULL) {
    printf ("%c",(*p).dato);
    p = (*p).sig2;
    }
}
```

12.10. Árboles y Árboles binarios

12.10.1. Introducción

Una estructura dinámica diferente de las listas es la estructura de árbol. Esta estructura también se basa en el concepto de nodo, pero en este caso los nodos no se encadenan secuencialmente sino que se ramifican a partir de un nodo inicial. Usualmente los árboles se componen de nodos del mismo tipo y las variantes están dadas por el número de ramificaciones a partir de cada nodo. Asi suele hablarse de árboles binarios (dos ramas salen de cada nodo) cuaternarios (cuatro ramas por nodo) y Octales (Ocho ramas por nodo). En un nivel de mayor complejidad están los árboles que pueden contener nodos de distinto tipo (Diferente tamaño y organización de los nodos). En este apartado describimos solo el caso mas sencillo que es el árbol binario.

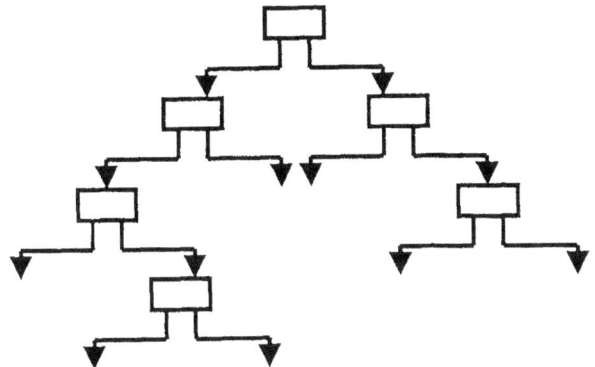

Figura 12-4: Ramificación genérica de nodos en un árbol binario

Existen diferentes motivos para emplear esta estructura en programas de aplicación. Uno muy conocido es el de mantener ordenados en cierta forma un tipo de datos de modo que el proceso de mantenimiento del orden y la búsqueda de un dato resulta mas eficiente (mas rápido). En esto se basa un método de búsqueda y ordenamiento rápido a menudo denominado "quicksort" (Ordenamiento rápido). Si bien este nombre también suele usarse con otros fines. En programas de diseño asisitido por computador también resultan imprescindibles estas estructuras para la aplicación de ciertos métodos de modelado tridimensional.

La resolución de problemas implica a menudo procedimientos de búsqueda y es por ese motivo otra área importante de aplicación de las estructuras de árbol. (Piénsese que un juego de ajedrez, o de tres en línea para dar un ejemplo mas sencillo puede plantearse como un sistema ramificado de jugadas posibles, (A partir de cada jugada surge a su vez un conjunto de jugadas posibles, y es posible calcular el total de judas posibles, por lo que todos los estados posibles del juego podrían teóricamente conocerse a priori)

12.10.2. Elementos constructivos de un árbol binario

El algoritmo de creación de un árbol binario es algo mas complejo que los ya vistos, una forma de introducirlo es a traves del siguiente diagrama el cual muestra los pasos relevantes. Los detalles de cada paso se explican luego.

Los pasos fundamentales son (Fig. XII.5):

1) Buscar la posición libre que corresponde en el ordenamiento (según criterio de ordenamiento)

2) Crear nuevo nodo y almacenar datos

3) Conectar el nuevo nodo al "Padre_actual"

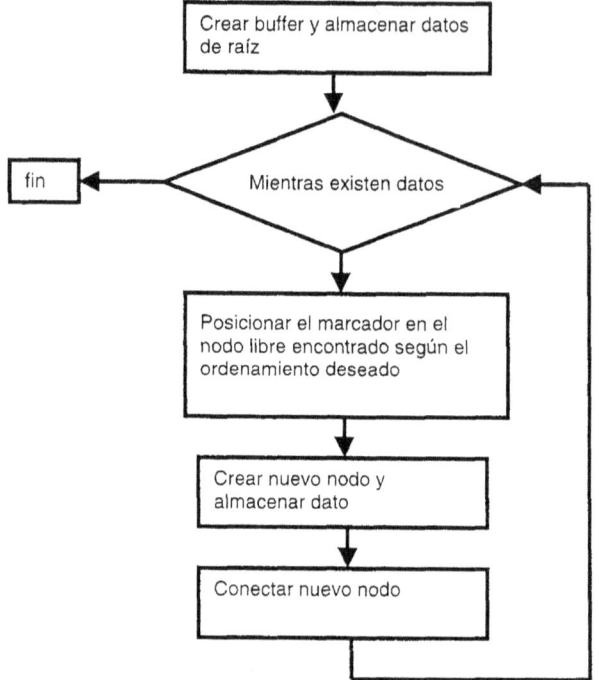

Figura 12-5: Diagrama de bloques del procedimiento de creación de un árbol binario

El proceso de posicionar el marcador en el nodo con un puntero libre enciontrado requiere buscar el nodo de puntero libre según el ordenamiento deseado recorriendo los nodos desde la raíz (Fig. XV. 7)

El procedimiento de construcción del árbol binario requiere de varios punteros a nodos (ver codificación) como muestra la Fig. XII.6

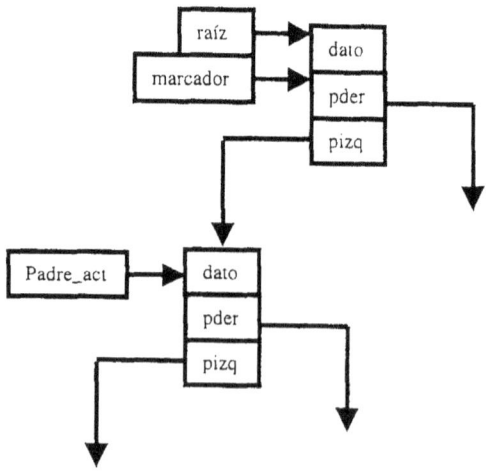

Figura 12-6: Punteros y nodos a emplear en el algoritmo de construcción del árbol binario

El código de búsqueda del nodo ordenado con puntero libre es:

```
while
    ((c = getchar()) != 's')
{
    marcador = raiz;
    while (marcador != NULL) {
        padre_act = marcador;
        if ((int)c <
            (int)(*padre_act).dato)
            marcador =
            (*padre_act).sig1;
        else
            marcador =
            (*padre_act).sig2;
        }
```

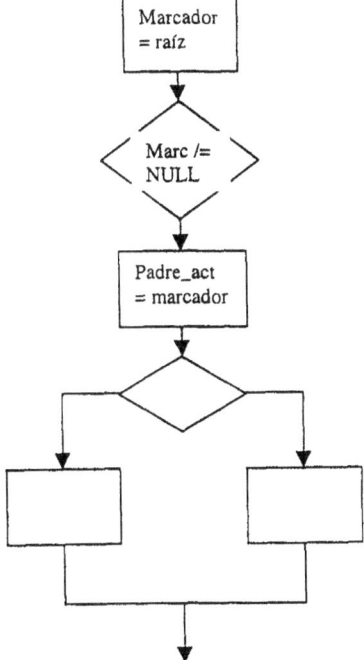

Figura 12-7: Detalle del proceso de búsqueda de un nuevo nodo

Codificación. Almacenar enteros ordenados en un árbol binario.

```
# include <stdio.h>
# include <stdlib.h>

struct autoref{int dato;struct autoref *sig1;struct autoref *sig2;};

void imprimir_nodo(struct autoref *p);

main() {
    struct autoref *raiz,*padre_act,*marcador,*nuevo;
```

```
            int c;
                                                            // crea nodo
       raiz = (struct autoref *) malloc(sizeof(*raiz));
       (*raiz).dato = getchar();
       (*raiz).sig1 = NULL;
       (*raiz).sig2 = NULL;                                 // raiz
                                                            // busca nodo libre
                                                            ordenado
       while ((c = getchar()) != 's')   {
           marcador = raiz;
           while (marcador != NULL) {                       // recorrer
               padre_act = marcador;
               if ((int)c < (int)(*padre_act).dato)
                   marcador = (*padre_act).sig1;
               else
                   marcador = (*padre_act).sig2;
   }
           nuevo = (struct autoref *)
           malloc(sizeof(*nuevo));                          // nuevo
           (*nuevo).sig1 = NULL;
           (*nuevo).sig2 = NULL;(*nuevo).dato = c;
           if ((int)c < (int)(*padre_act).dato)
               (*padre_act).sig1 = nuevo;                   // enlace
           else
               (*padre_act).sig2 = nuevo;
           printf("raiz %d padre_act %d nuevo %d\n",
           raiz,padre_act,nuevo);
           }
       imprimir_nodo(raiz);
       }

   void imprimir_nodo(struct autoref *p) {
       if (p != NULL)   {
       printf("%c",(*p).dato);
           if ((*p).sig1 != NULL)    imprimir_nodo((*p).sig1);
           if ((*p).sig2 != NULL)    imprimir_nodo((*p).sig2);
       }
   }
```

Ejercicios.

1) Codificar un programa que imprima una lista y calcule su longitud.

2) C.u.p. para realizar una búsqueda secuencial de un elemento en una lista.

3) C.u.p. que incluya supresión e inserción de nodos en una lista.

4) C.u.p. para construir e imprimir la lista mediante funciones.

5) C.u.p. para que dado un vector conteniendo "0" y "1" se almacenen los ceros en una lista y los unos en otra.

12.11. Ejemplos de aplicación

Si bien actualmente la aplicación de estos algoritmos es masiva, mencionamos puntualmente algunas aplicaciones:

- Trazado automático de circuitos electrónicos en el proceso de diseño de los mismos
- Interfaces gráficas de usuario

- Búsqueda y ordenamiento
- Representación de gráficos tridimensionales (Árboles de Construcción de Geometría Sólida – CSG-, Representación de Fronteras en Modelos – BREP- y árboles octales.
- Bases de datos complejas
- Construcción de compiladores. Parsing. (Análisis Sintáctico)

Compilación en un sentido general significa traducir un lenguaje en otro que es mas directamente utilizable por el computador. Esto es distinto del sentido mas restrictivo de la simple traducción de un programa (p. ej. assembler) a las instrucciones directamente utilizables por el compilador.Para el primer caso se requiere un proceso de análisis sintáctico. Se denomina Parsing al proceso de analizar componentes que forman una sentencia.

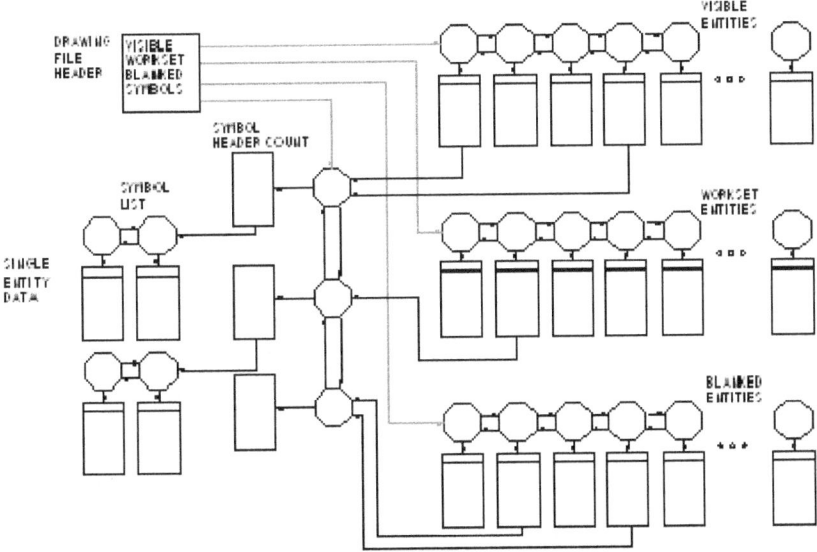

Figura 12-4: Empleo de estructuras dinámicas en la base de datos de un sistema CAD

Un tipo de parser se basa en estructuras dinámicas denominadas Árboles de Transición Aumentados. En la figura XII.4 puede verse un esquema representativo del manejo de EDD en la base de datos de un sistema CAD.

13

Archivos

13.1. Generalidades

En el lenguaje "C" todos los dispositivos de la computadora son considerados como archivos. Esto es muy similar a la forma de trabajo del S. O. Unix. El lenguaje "C" no contiene sentencia alguna de manejo de entrada o salida, sino que la biblioteca estándar es la encargada de suministrar las funciones de entrada y salida.

El estándar ANSI redefinió completamente el manejo de la entrada/salida. Dejó vigente solamente lo que se denomina sistema de archivos con buffer, descartando el sistema de archivos sin buffer utilizado por el Unix. Es posible encontrar el sistema sin buffer en programas Unix antiguos. No se debería utilizar para nuevos programas.

13.1.1. Corrientes

El tratamiento unificado de la comunicación que realiza el "C" con el exterior se basa en una abstracción llamada corrientes. El sistema se encarga de conectar las corrientes con controladoras de disco, controladoras de cinta magnética, impresoras, terminales, etc. Se conectan corrientes a archivos. Todas las corrientes son iguales pero los dispositivos (archivos) no.

Ejemplos:

Es posible volver hacia atrás en un acceso a disco, pero no en una salida a impresora.

Es posible tener acceso aleatorio en un archivo de disco, pero no en uno de cinta magnética. Las corrientes (y archivos) se pueden clasificar como:

Corrientes de texto	Corrientes binarias
Las corrientes de texto son una secuencia de caracteres terminada por un fin de línea.	Una corriente binaria es una secuencia de caracteres sin organización alguna.
Para el sistema operativo *Unix*, el fin de línea está representado por el carácter *ASCII* 10. En DOS/Windows el fin de línea se	En una corriente de tecto se respetan (evaluan) los caracteres de control. Podríamos decir que toda secuencia que no es de tecto es binaria.

representa por la secuencia ASCII 13 10. Estas dos formas representan la misma acción "\n" y su efecto es que el cursor se desplace al principio de la línea siguiente.	En las secuencias binarias se representan imágenes, ejecutables, sonido, almacenamiento en el formato interno, etc. La corriente binaria solo es interpretada por su correspondiente programa de aplicación.

Esta forma de tratamiento no es privativa del lenguaje "C", por ejemplo cuando transferimos archivos por Internet mediante el protocolo adecuado: ftp, tenemos la misma diferenciación.

13.2. Relación entre sentencias, corrientes y modo de acceso en lenguaje C

Las instrucciones para manejo de archivos difieren notablemente entre C y C++, a su vez en C es frecuente emplear ciertas combinaciones entre ordenes, tipos de archivos y modos de acceso, si bien estos elementos pueden combinarse a voluntad. El siguiente esquema muestra las combinaciones usuales en C entre modos de acceso, tipos de corrientes y sentencias

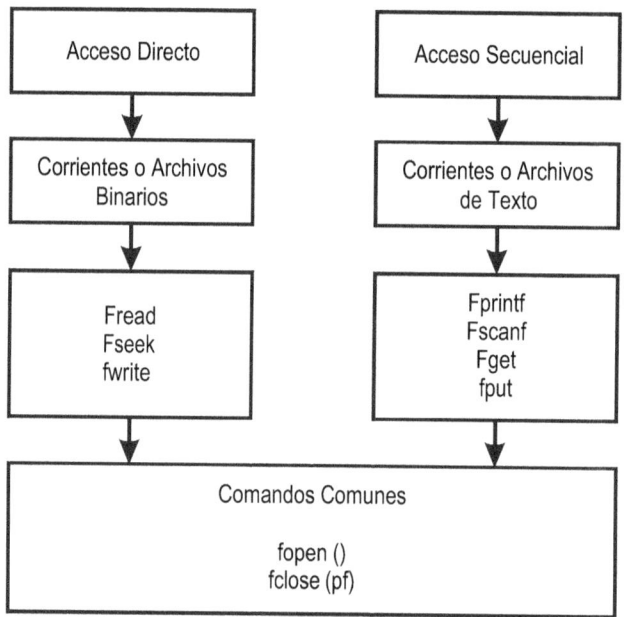

Figura 13-1: Relación entre sentencias, corrientes y modo de acceso en lñenguaje C

13.3. Reglas de sintaxis en C

La declaración de archivos se efectúa empleando una estructura denominada FILE, de la biblioteca estándar, reflejada en el archivo de cabecera stdio.h.

```
FILE *fp;
```
Un puntero a esta estructura representa la corriente.

La conexión de corriente con archivo se muestra en la línea siguiente, la sentencia if muestra un viejo y clásico esquema de detección de errores en la apertura del archivo.

```
fp = fopen( "archivo.ext", "r" );
if( fp == NULL ){ printf( "Error de apertura\n" ); exit( 1 );    }
```

formato de la función fopen():

```
FILE *fopen( char *nombre_archivo, char *modo );
```

Con compiladores provistos de GUIs es posible emplear comandos que permiten manipular los archivos de una manera mas global.

13.4. Parámetros

nombre del archivo

modo de apertura.

Los modos de apertura de una corriente de texto son:

"r"	equivale a	"rt"
"w"	equivale a	"wt"
"a"	equivale a	"at"
"r+"	equivale a	"r+t"
"w+"	equivale a	"w+t"
"a+"	equivale a	"a+t"

Modo:

"r"	lectura
"w"	creación para escritura
"a"	escritura al final
"r+"	lectura y escritura
"w+"	creación para lectura/escrit.
"a+"	lectura/escritura al final

Si hemos abierto en un modo, podemos cerrar el archivo y abrir en otro modo

Los modos de apertura de una corriente binaria son:

"rb"	lectura
"wb"	creación para escritura
"ab"	escritura al final
"r+b"	lectura y escritura

"w+b"   creación para lect./escrit.

"a+b"   lectura/escritura al final

13.4.1. Cierre de archivos (corrientes)

Independientemente del modo en que se abrió un archivo, se lo cierra mediante

Fclose(nombre);

Es importante cerrar los archivos ya que esto descarga el buffer, haciendo que efectivamente se trasladen los contenidos. De lo contrario puede perderse información ya que el buffer transfiere a memoria los datos solo cuando no posee mas espacio libre.

En teoría, si al terminar de ejecutarse un programa no se cerraron los archivos mediante la sentencia específica, el sistema operativo se encarga de cerrarlos. No deberíamos descansar la seguridad de nuestras operaciones en lo anterior. La forma general es

int fclose(FILE *fp);

Una operación de cierre debería devolver 0, si no es así significa que ha habido algún problema. Si bien es importante cerrar todos los archivos que se abrieron, los que resultan críticos son los abiertos para escritura.

13.5. Biblioteca estándar

La biblioteca estándar dispone de un conjunto de funciones para el manejo de archivos:

```
fgetc()| getc()     fputc()|  putc()     fgets()          fputs()
fprintf()           fscanf()            rewind()         feof()
fseek()             fwrite()            fread()          ungetc()
```

Para escribir caracteres individuales en una corriente abierta

```
int fputc( int ch, FILE *fp );
```

Si la escritura fue exitosa devuelve el mismo valor que escribió, caso contrario retorna EOF.

Para leer caracteres individuales de una corriente abierta.

```
int fgetc( FILE *fp );
```

Ejemplo

```
letra = fgetc( archivo );
```

Cuando se alcanza el fin de archivo obtenemos EOF.

```
fgetc y getc son "sinónimos".
```

Equivalente para archivos del puts() de consola.

```
char *fputs( char *cadena, FILE *fp );
```

Ejemplo

```
fputs( frase, archivo );
```

Si la escritura fue exitosa devuelve la misma cadena que escribió.

Equivalente para archivos del `gets()` de consola.

```
char *fgets(char *cadena, int longitud, FILE *fp );
```

Ejemplo

```
fgets( frase, 80, archivo );
```

Devuelve caracteres hasta encontrar nueva línea ó hasta el valor indicado por longitud, lo que ocurra primero.

Para archivos, `fprintf()` es similar a `printf()`, permite escribir distintos tipos de variables y constantes, especificando el formato de salida.

```
int fprintf(FILE *fp, const char *cad_contr, args);
```

Ejemplo

```
fprintf( archivo, "%d", valor );
```

13.6. Corrientes estándar

Cuando se comienza a ejecutar un programa "C", se abren tres corrientes denominadas estándar porque siempre están, sin necesidad de que se tome acción alguna. Estas son:

- Stdin: Significa "standard input" o entrada estándar. Por defecto está asociada al teclado (ese es el archivo).

- Stdout: Significa "standard output" o salida estándar. Por defecto está asociada a la pantalla.

- Stderr: Significa "standard error" o salida de diagnóstico. Por defecto está asociada a la pantalla.

Como la entrada por teclado y la salida a pantalla es una operación muy frecuente, se han adoptado formas especiales de la función general fprintf().Si en

fprintf(archivo, "%d", valor);

reemplazamos archivo por stdout escribimos en la salida estándar.

Esto quiere decir que podemos trabajar usando `fprintf()` ignorando `printf()`, ya que esta última es un caso especial de `fprintf()`. Esto es muy importante porque `fprintf()` –a diferencia de `printf()` - continúa siendo muy empleada tanto en C++ como en entornos visuales.

Asi como `printf()` es un caso particular de `fprintf()` lo mismo sucede con `scanf()` y `fscanf()`. Para archivos, `fscanf()` es similar a `scanf()`, permite leer distintos tipos de variables, especificando el formato de entrada.

```
int fscanf(FILE *fp, const char *cad_cntr,args);
```

Ejemplo

```
fscanf( archivo, "%d", &valor );
```

La entrada y salida estándar son redireccionables desde el sistema operativo

Por ejemplo si decimos

C:\> generador > sal.gen   ó $ generador > sal.gen

Estamos redireccionando la salida estándar del programa generador al archivo: sal.gen

La existencia de una salida estándar y otra de diagnóstico, es para dar un camino diferente a los errores. Esto es especialmente útil en los mecanismos de tuberías (pipes).

prg1 | prg2 | prg3 | prg4

la salida estándar que alimenta al proceso siguiente no transmite mensajes de error o advertencias.

13.7. Archivos binarios y Acceso aleatorio

```
fread() y fwrite().
```

Acceso aleatorio implica moverse hacia atrás y adelante del archivo, para leer o escribir en una posición dada. Lo mas frecuente es emplear este modo de acceso con archivos binarios.

Para transferir un bloque de datos binarios entre la memoria y un archivo o viceversa se utilizan dos funciones: fread() y fwrite(). No solo sirven para trasladar un grupo de bytes, sino también para escribir datos usando la forma binaria de almacenamiento.

Leer datos de una corriente.

```
size_t fread( void *ptr, size_t size, size_t n, FILE *stream );
```

Ejemplo

```
fread( posmem, 10, 4, archivo );
```

Si la operación fue exitosa, `fread()` retorna el número de items leídos, caso contrario retorna 0.

Transferir elementos de la memoria a un almacenamiento secundario.

```
size_t fwrite( const void *ptr, size_t size, size_t n, FILE *stream );
```

En ambos casos:

El número de bytes leídos/escritos es: total = n * size;

`ptr`	Apunta a un bloque donde se colocan los datos.
`size`	Longitud en bytes de cada item leido.
`n`	Número de items leídos.
`stream`	Apunta a una corriente.

13.8. Acceso aleatorio - fseek() y rewind()

Para el acceso aleatorio esto se dispone de funciones específicas: `fseek()` y `rewind()`

La primera permite posicionar el puntero a una cierta cantidad de caracteres a partir de un punto de origen especificado por el programador

```
int fseek(FILE *fp, long int num_bytes, int orig);
```

Ejemplo

```
fseek( archivo, 1000, SEEK_SET );
```

Tenemos tres opciones a partir desde donde contar el desplazamiento:

Comienzo de archivo	SEEK_SET	0
Posición actual	SEEK_CUR	1
Fin de archivo	SEEK_END	2

Estas constantes están definidas en la biblioteca estándar. Rewind(), en un archivo abierto para lectura/escritura, lleva el puntero al principio del archivo.

```
void rewind( FILE *fp );
```

Es equivalente a:

```
fseek( archivo, 0, SEEK_SET );
```

Esta función permite detectar el momento en que se alcanza el fin del archivo.

13.9. Fin del archivo

El fin del archivo está representado por la constante EOF (End Of File), definida en la biblioteca estándar. La forma es: `int feof( FILE *fp );`

Ejemplo

```
if( feof( entrada ) ) ...
```

feof() devuelve falso (0) si no se ha alcanzado el fin de archivo y verdadero si el puntero está posicionado en el fin de archivo.

Es especialmente útil cuando estamos recorriendo un archivo mediante un lazo de iteración indeterminado, ej.:

```
while(!feof(fp)) car = getc(fp);
```

En el manejo del archivo en C la función ungetc() devuelve a una corriente un carácter leido por la funcion getc() ó fgetc().

La forma es:

```
int ungetc( int c, FILE *stream );
```

Si la operación resulta exitosa devuelve el carácter ingresado, caso contrario devuelve EOF. Es útil para devolver un centinela.

13.9. Funciones Windows API para e/s

La API de Windows no hace diferencia entre el puntero a un archivo alojado en un dispositivo de almacenamiento y el dispositivo en si mismo. Para el acceso a este concepto de archivo existen varias funciones. Entre ellas:

CreateFile

Crea un archivo o abre uno existente. Recibe el PATH correspondiente. Es el "boleto" que el programa de aplicación presenta al I/O Manager. Corresponde al modo "W" en ANSI C

ReadFile

Lee en modo síncrono. (ReadFileEx puede leer ademas en modo asíncrono). Corresponde al modo "R" en ANSI C

WriteFile

Escribe en modo síncrono. (WriteFileEx para asíncrono) Corresponde al modo "A" en ANSI C

DeviceIoControl

Permite enviar ciertos códigos de control cuando se requiere algo mas que un manejo secuencial de la información de e/s. En particular controla dos buffers (de entrada y de salida) y permite efectuar acceso aleatorio a archivos.

CloseHandle

Cierra un puntero al archivo abierto. Si se han efectuado copias de este puntero mientras el archivo estaba abierto (Por ej. Mediante duplicación de objetos o descendientes en POO) y no se cierran todas, entonces no se cierra ("se desconecta") el archivo.

Ejemplo de sintaxis de función I/O Win API . La función CreateFile.

```
Handle CreateFile (
LPCTSTR Filename,         // Puntero al nombre del archivo
DWORD Desiredaccess       // Modo de acceso lectura/escritura
DWORD Sharemode,          //Control de acceso a archivo por
                            múltiples usuarios
                          // Puntero a una struct llamada
```

```
SECURITY_ATTRIBUTES
LPSECURITY_ATTRIBUTES Attributes OPTIONAL,
                                 // Detección de errores y otros
DWORD CreationDistribution,
                                 // Puede indicar p.ej. un modo de
                                    trabajo E/S asíncrona
DWORD FlagsAndAttributes,        //Previsto para copiar los atributos
HANDLE TemplateFile OPTIONAL
);
```

Ejemplo de llamada:

```
HANDLE HandlePort;

HandlePort = CreateFile( "COM1", GENERIC_READ \ GENERIC_WRITE, 0,
                         NULL, OPEN_EXISTING, 0, NULL );
```

- El primer parámetro puede ser como en este caso solo una cadena que da nombre a un puerto en DOS. Pero podría ser un archivo en una terminal remota.

- El segundo parámetro indica R/W

- El tercero que no es compartido

- El cuarto sin atributos de seguridad

- El quinto retorna error si no detecta (en este caso el puerto COM1)

- Los últimos indican que no hay banderas ni estructura de copia

Control de errores: (Equivale a comparar con NULL en ANSI C)

```
DWORD dwError;
If (HandlePort==INVALID_HANDLE_VALUE) { dwError = GetLastError(); }
```

13.10. Ejemplo de manejo de excepciones TRY y CATCH

```
#include <vcl.h>
#pragma hdrstop
#include "dest_19.h"
#pragma package(smart_init)
#pragma resource "*.dfm"

TForm1 *Form1;

__fastcall TForm1::TForm1(TComponent* Owner) : TForm(Owner) { }

void __fastcall TForm1::Button1Click(TObject *Sender) {
    Graphics::TBitmap *pBitmap = new Graphics::TBitmap();
    Byte *ptr;
    try {
        pBitmap->LoadFromFile("C:/pruning.bmp");
        for (int y = 0; y < pBitmap->Height; y++) {
        ptr = (Byte *)pBitmap->ScanLine[y];
        for (int x = 0; x < pBitmap->Width; x++) ptr[x] = (Byte)y;
        }
    Canvas->Draw(0,0,pBitmap);
    }
catch (...) { ShowMessage("Could not load or alter bitmap"); }
delete pBitmap;
```

}

13.11. Sistemas Visuales

A menudo los entornos visuales de codificación en los distintos lenguajes y programas de aplicación que los emplean, poseen componentes ya definidos para la selección y grabación de archivos. Estos componentes simplifican la tarea del programador en relación a estas operaciones pudiendo ocuparse de cuestiones varias tales como control de errores, búsqueda de directorios, visualización, selección y autorización de las extensiones del archivo, etc. Una posible pantalla se muestra en la Fig. XIII.5.

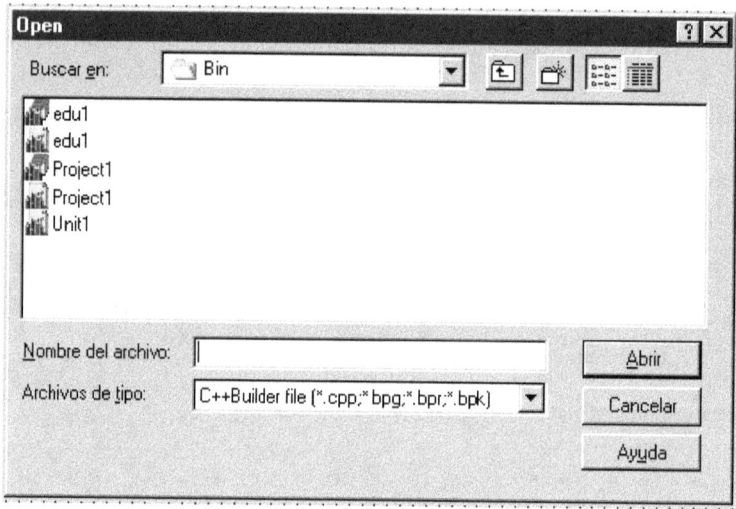

Figura 13-5: Todo el código de apertura (y otras operaciones) de un archivo puede venir ya construido en un entorno de programación visual) para que pueda ser incluido como una función mas en el programa

14

Programación Orientada a Objetos. C++

14.1. Conceptos introductorios

El lenguaje C++, es la expansión del lenguaje C que nos permite organizar el código de los programas de acuerdo a lo que se ha dado en llamar Programación Orientada a Objetos (POO).

La POO es una técnica (o modelo, paradigma) de programación que hace hincapié en la naturaleza de los objetos (variables estructuradas) que están sujetos a un determinado proceso. Esto último significa que los procesos (algoritmos) se codifican –en principio- específicamente para cada objeto. (El procedimiento depende del objeto, por ejemplo el procedimiento para tomar (beber) algo generalmente sera diferente si se trata de una gaseosa, café o mate.

Para seguir esta concepción de la programación no es necesario un compilador (o un intérprete) de características especiales, como lo prueba el hecho de que ya en los años setenta (y posiblemente antes) existían programadores que codificaban sus programas según este criterio (POO), aun cuando debían emplear lenguajes de programación no estructurados.

De todos modos, es deseable que el compilador disponga de elementos que encuadren nuestro código para que este se ajuste a los fundamentos de la POO, ademas el desarrollo y la expansión de los lenguajes orientados a objetos permitió mejorar y potenciar esta metodología. En este marco el lenguaje (o la versión) orientado a objetos para el C es el C++.

Desde un punto de vista técnico, al ser codificado en C++ un programa resulta menos eficiente en cuanto a velocidad de ejecución (es mas lento que C), pero la virtud del C++ ha sido precisamente minimizar esa "pérdida de velocidad" haciendo al lenguaje C++ aplicable en un sinnúmero de problemas, inclusive software de control industrial y sistemas que deben responder en tiempo real.

La POO se basa actualmente en el encapsulamiento de objetos y procesos asociados en un módulo de software denominado clase, el cual ha sido creado (para C++)a partir del tipo de dato struct. Por este motivo también suele llamarse al lenguaje C++ "C con clases". Asimismo, del empleo de estas clases surgen otras características tales como la denominada herencia (aprovechamiento de la semejanza de datos) que permite (y simplifica) el proceso de reutilización de programas, el polimorfismo y el encapsulamiento (encerrar en un mismo ámbito de existencia a un conjunto de datos y procesos).

Como se explicó las clases se derivaron del tipo struct, por lo que podríamos definirlas como:

"Conjunto de datos completamente definidos por el usuario asociados a funciones y operadores validos unicamente para ellos"

Es decir que una forma de interpretarlas es como una herramienta que nos permite una total flexibilidad para definir datos. (Mayor que la de los datos estructurados ya que pueden definirse las relaciones y operaciones entre y sobre ellos).

Un tipo de dato es una representacion concreta de una idea o concepto, por ejemplo:

> float representa un nro real.

Las clases permiten definir y utilizar tipos que representan exactamente los conceptos que aparecen en los programas. Por ej. podriamos tener el tipo "explosion" en un videojuego, o "lista de palabras" en un procesador de texto. Esto permite programas mas claros y como se indicó nteriormente mas fáciles de modificar y de probar.

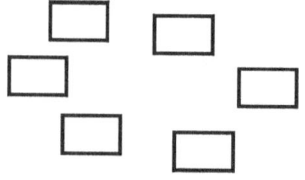

Figura 14-1: Programación Orientada a Objetos: Conduce a una estructura de programa de módulos independientes

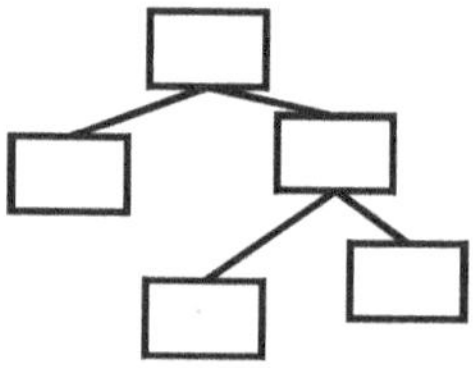

Figura 14-2: Programación Orientada a Procedimientos: Conduce a una estructura jerárquica en el programa de complejidad creciente con la cantidad de código

14.2. Clases y miembros

El acceso a los objetos (instancias de una clase) de una clase (Tipo definido por el usuario) puede ser restringido a un set de funciones declaradas como parte de la clase. Estas se denominan métodos y pueden ser "miembros" (member function) y "amigas" (friend function). Los objetos de una clase (Que vendrían a ser algo asi como las variables base de un tipo) se crean con funciones miembro llamadas "constructores" y en algunos casos (almacenamiento dinámico en memoria) requieren ser destruidos con destructores.

14.2.1. Definiendo el tipo class

Supongamos querer imprimir un par ordenado. Podemos usar una estructura "par" y definir una función que la imprima:

```
struct par { int x ; int y ; }
. . .
void imprimirr_par(... , ...);              // declaración
. . .
par p1, p2,  prdo;                          // da nombre a las
                                            variables
```

En el ejemplo anterior el compilador ignora la relación entre el tipo par y la función.

Este código podría mejorarse declarando la función dentro de la estructura, lo cual permitiría al programador establecer una relación entre datos y funciones (Válido en C++). Es decir:

```
struct par {
    int x;
    int y;
void imprimirr_par(... , ...);
}
```

La ejemplificacion vista no impide que todo el programa pueda usar el tipo par, para que el tipo par sea usado solo por las funciones que asi lo requieren, se deben especificar la variables como privadas. En una Struct las variables son por defecto públicas. En un tipo Class son privadas por defecto. Asi, si se escribe **class** en vez de **struct** y la palabra **public** antes de las declaraciones de las funciones, se verifica que:

- El programa puede invocar a las funciones miembro porque son públicas.

- Las funciones miembro pueden invocar los campos pero no el programa (por ser privados de la clase).

Ejemplo:

```
class par {
    int x;
    int y;
public:
void imprimirr_par(... , ...);
}
```

Insistimos en que los nombres antes de public **son privados** y pueden ser utilizados solo por las funciones miembro, esto es lo principal a tener en cuenta al programar en C++.

Una estructura es una clase donde sus miembros son publicos por defecto, por lo cual para poder codificar un compilador especialmente orientado a objetos se requiere definir a las clases.

Las funciones declaradas en la clase (métodos) pueden ser invocadas a traves del selector "."

Ejemplo: dada la clase par,

```
par p1;
p1.imprimir_par(... , ...);
```

Para definir la función miembro se debe asociar a la estructura ya que puede haber funciones miembros de diferentes estructuras con igual nombre.

Esto se hace con :: denominado Operador de Alcance

```
void par::imprimir_par(... , ...) {
---                                     // Código de la función
---
}
```

14.2. Constructores

Como los campos privados de una clase solo pueden ser accedidos por funciones de esa clase, no pueden ser inicializados desde el programa principal.

En vez de inicializar los objetos de las clases en el programa, se emplea una función miembro de inicialización que si puede acceder a los campos privados. Esta función es llamada al declarar los objetos, es decir las variables de ese tipo.

Para que el compilador pueda identificar fácilmente a estas funciones, (eventualmente se puede prescindir de invocarlas explícitamente) llevan siempre el mismo nombre que la clase.

```
class par {
    int x;  int y;
    public:
    void par(... , ...);                        // Constructor
void imprimir_par(... , ...);
}
```

Se invoca al constructor al declarar las variables:

```
par p1 = par(26,11);
```

o también

```
par p1(26,11);                                  // forma abreviada
```

Los constructores aseguran una adecuada inicialización y requieren en ciertos tipos de datos un "destructor" para liberar memoria que se define como:

```
~par()
```

Recordando que el operador binario de complemento en C, que se indica con ~, se interpreta precisamente como "el complemento de...", podemos pensar que en este caso codificamos al "destructor" como el "complemento del constructor".

Ejercicio

Codificar un programa C++ que use una función miembro para imprimir las coordenadas del centro (x,y) y el radio (R) de un círculo asociado a una clase que contenga esos tres datos. El constructor asignara los valores por defecto

```
#include < iostream.h >                      //  stdio.h  -   Windows.h
    -                                            vcl/dialogs.hpp

class TCírculo    {
    float x,  y,  r;
    public:
    TCirculo();
    void prt();
};

TCirculo ::TCirculo () {   x=1;y=1;r=1;   };

void TCirculo::prt()     {  cout  << x <<  y <<  r;  }
```

```
TCirculo ci = Tcirculo();

void main() { ci.prt(); }
```

Ejercicio

Codificar el programa anterior para que el constructor reciba parámetros de inicialización leidos por teclado.

```
#include < iostream.h >                    //  stdio.h  -   Windows.h
-                                             vcl/dialogs.hpp

class TCírculo {
    float x, y, r;
    public:
        TCirculo(float, float, float);
        void prt();
};

TCirculo ::TCirculo (float a, float b, float c) {     x=a;   y=b;   r=c;
};

void TCirculo::prt()    {     cout  << x <<  y <<  r;    }

void main()   {
    float a,b,c;
    cin >> a >> b >> c;
    TCirculo ci = Tcirculo(a,b,c);
    ci.prt();
}
```

Ejercicio

Modificar el programa anterior agregando una función miembro para calcular el area del círculo

Ejercicio

Modificar el programa anterior inicializando la fecha mediante un constructor que recibe parámetros desde el programa principal

14.3. Sobrecarga de Funciones Miembro de una clase

Sobrecarga de funciones. Como se explicó en la introducción, Un programa orientado a procedimientos (en C) puede escribirse orientado a objetos (en C++).

Considerese el siguiente caso: Codificación de un programa en C que inicialize las variables RADIO, LADO y ALTURA a cero. Y que luego lea valores para las mismas calculando el área de un círculo y un rectángulo. Utilizar una función para calcular cada área.

```
#include <stdio.h>                    // iostream.h  -   vcl/dialogs.hpp

float R,L,H,area;
float area_circ(float v1);
float area_rect(float v1, float v2);

main() {
    R=0,L=0,H=0;
```

```
        Scanf("%f,%f,%f",&R,&L,&H);
        If (R!=0) { printf ("%f",area_circ(R)); }
        If ((L!=0)&&(H!=0)) { printf ("%f",area_rect(L,H)); }
    }

    float area_circ(float v1) { Area = PI * v1 * v1; }
    float area_rect(float v1, float v2) { Area = (v1 * v2); }
```

Quitar el if del programa anterior aplicando sobrecarga de funciones miembro de una clase.

```
    #include <vcl\dialogs.hpp>

    class figura {
        float L, H, R;
        public:
            figura(float,float,float);
            float area(float v1);
            float area(float v1, float v2);
    };

    figura::figura(float a,float b,float c) {L=a;H=b;R=c}
    float figura::area(float v)        {return( v * v);   }
    float figura::area(float v2, float v3)   {return ((v2 * v3)/2);   }

    main() {
        float Rlocal=2, float Llocal=3,Hlocal=4;
        figura FIG(0,0,0);
        printf ("%f", FIG.area(Rlocal));
        printf ("%f", FIG.area(Llocal,Hlocal)) ;
    }
```

Ejercicio

Codificar una clase con métodos que sumen números complejos con y sin parte imaginaria, sobrecargando un método suma() que recibe uno o dos tipos float.

```
    Class complex{
        Float re, im;
    Public:
        Complex(){ re = 0; im = 0; };
        Suma(float pre) {re = re + pre;};
        Suma(float pre, float pim) { re = re + pre; im = im + pim;};
    }
```

Ejercicio

Sobrecarga de funciones miembro.

Codificar un programa que calcule el área de círculos y rectángulos. Siendo el rectángulo definido por las coordenadas de dos vértices opuestos. Utilizar un constructor que inicialice a cero todas las variables de la clase. Pasar los nuevos valores como parámetros a las funciones miembro.

```
    #include <iostream.h>

    class figura {
        float radio,x1,x2,y1,y2;
    Public:
        figura ()(radio =  0; x1 = 0; x2 = 0; y1 = 0; y2 =0;);
        float area(float v1);
        float area(float a1, float a2, float b1, float b2);
```

```
};

main() {
    float r,a1,b1,a2,b2;
    figura FIG();
    cin >> r >> a1 >> a2 >> b1 >> b2;
    FIG.area(r);
    FIG.area(a1,a2,b1,b2);
}

float figura::area(float r)   { Area = PI * r * r;   cout << area;  }

float figura::area(float a1, float a2, float b1, float b2)  {
    Area = (b1 - a1) * (b2 - a2);
    cout << area;
}
```

14.4. Sobrecarga de funciones constructoras

Ejercicio

Rehacer el programa anterior con sobrecarga de funciones constructoras figura(r)
figura(a1,a2,b1,b2) ingresando los valores leídos a traves de los constructores.

```
#include <iostream.h>

class figura {
    float radio,x1,x2,y1,y2;
Public:
    figura (float r)(radio = r;);
    figura (float a1, float a2, float b1, float b2)
        (x1 = a1; x2 = a2; y1 = b1; y2 = b2;);
    float area_cir();
    float area_rec();
};

main() {
    float r,a1,b1,a2,b2;
    figura FIG;
    cin >> r >> a1 >> a2 >> b1 >> b2;
    figura(r);
    figura(a1,a2,b1,b2);
    FIG.area_cir();
    FIG.area_rec();
}

float figura::area_cir(float r)   { Area = PI * r * r;   cout << area;  }

float figura::area_rec(float a1, float a2, float b1, float b2)  {
    Area = (b1 - a1) * (b2 - a2);
    cout << area;
}
```

14.5. Operadores de extracción (>>) e inserción (<<)

Modificar las sentencias siguientes para E/S en C++.

La expresión de una impresión como: Printf("Valor A: %d Valor B: %d", a, b);

Se transforma en: Cout<< "Val A:" << a << "Val B:" << b ;

Una expresión de entrada como: Scanf("%d%f%c", &a, &b, &c);

Se transforma en: Cin >> a >> b >> c ;

Los formateadores (%...) y los operadores de indirección (&) son omitidos en C++. Los caracteres de control (\...) se siguen incluyendo.

Ejemplo

Codificar un programa que solicite un carácter y lo imprima.

```
#include <iostream.h>

main() {
    char car;
    cout << "Ingrese un carácter \n";
    cin >> car;
    cout << car;
}
```

cin y cout andan bien para char int y float pero no es muy utilizado para double. Las cadenas requieren órdenes adicionales.

cin y cout pertenecen a clases con funciones miembro, algunos ejemplos son:

Salida de datos tipo carácter: (Escribe 65 y no A)   cout.put(car)

Elimina Return remanente al ingresar un dato por teclado: cin.get(car);

Elimina espacios en blanco, puede llevar un segundo campo que es la cantidad de caracteres a leer.

Cambios de base: cout << oct << idato;
                                      cout << hex << idato;

Establece cantidad de caracteres a imprimir.   cout.with(20);

Los cast pueden tambien usarse: cout << (int)c;

Ejemplo

Modificar el programa de las figuras para E/S en C++

```
#include <iostream.h>

class figura {
    float L,float H, float R;
    Public:
    float area(float v1);
    float area(float v1, float v2);
};

main() {
    int Rlocal=0;
```

```
        float Llocal=0,Hlocal=0;
        cin >> Rlocal >> Llocal >> Hlocal;
        FIG.area(Rlocal);
        FIG.area(Llocal,Hlocal);
}

float figura::area(int v1) { Area=PI * v1 * v1; cout << area; }
float figura::area(float v2, float v3); {
    Area = v2 * v3; cout << area; }
```

14.6. Destructores: Operadores new y delete

Cuando se utilizan clases que manipulan tipos simples v.g. int, float, char, etc. los constructores permiten crear e inicializar las variables dentro de una función de manera que al terminar esta, esas variables se eliminan como cualñquier variable local. Pero con datos mas estructurados, típicamente vectores y estructuras dinámicas, es necesario correr un programa específico para eliminar o liberar todas las direcciones utilizadas.

Tales programas se denominan "destructores" y se codifican con el nombre de la clase precedido del carácter ~.

Estas funciones miembro hacen uso específico de dos sentencias:

```
        tipo* t1 = New tipo_base[tamaño];
```

(La posición del asterisco no modifica los conceptos ya vistos: tipo* t1 = tipo *t1)

```
        delete[] v;              // [] indica al compilador que es un vector
        delete base;            // Usada con listas para cada puntero a nodo
```

Es importante tener presente que delete se aplica a la variable de una clase y no a las instancias de una clase.

```
        class classdef {
            Tipo1* members;
            Tipo2* friends;
            ...
        public
            ~classdef()
            ...
        }...
        classdef::~classdef() {
            delete members;
            delete friends;
        }
```

Ejemplo de destructor

Codificar un programa que utilice una clase para imprimir vectores de diez elementos enteros.

```
        #include <vcl/dialogs.hpp>

        class vec {                  // Creando elementos de *v en cantidad size
            int size;               // Permite especificar el tamaño
```

```
      int *v;
public:
   vec(int);
   ~vec();
   void printv();
   void loadv();
};

vec::vec(int s) {
   size = s;
   v = new int[size];        // new es un operador que devuelve un
}                            // puntero a una cantidad de elementos de
                                ese tipo

vec::~vec() { delete[] v; }

void vec::printv() {
   int i;
   for(i=0; i<=size; i++)
   ShowMessage(AnsiString( v[i] ));   // Impresión via Builder C/C++
}

void vec::loadv() {
   int i;
   for(i=0; i<=size; i++) v[i]= 3;
}

WINAPI WinMain(HINSTANCE, HINSTANCE, LPSTR, int) {
   vec v = vec(10);
   v.printv();
   v.loadv();      // ~vec();   No es necesario llamar al destructor
   return 0;
}
```

14.7. Punteros a Clases - El operador NEW

Ejemplo: Codificar un programa con una clase C1 que contiene un float y un método de impresion. Definir un puntero a la clase que imprima el valor de inicialización

```
#include <vcl\dialogs.hpp>

class C1 {
   float x;
public:
   C1(float a) { x = a; };
   prtC1();
};

C1::prtC1() {
   ShowMessage( AnsiString( x ));
}

WINAPI WinMain(HINSTANCE, HINSTANCE, LPSTR, int) {
   C1 *pC1 = new C1(3);
   pC1->prtC1();
   delete pC1;
}
```

Ejemplo 1

Ejemplo: Codificar un programa con una clase C1 que contiene un float y un método de suma de dos punteros a clases C1 e impresion del resultado.

```cpp
#include <vcl\dialogs.hpp>

class C1  {
    float x;
public:
    C1(float a){x=a;};
    suma ( C1*, C1* );
};

C1::suma(C1* p, C1* q) { ShowMessage( AnsiString( p->x + q->x )); }

WINAPI WinMain(HINSTANCE, HINSTANCE, LPSTR, int) {
    C1 *pC1 = new C1(3);
    C1 *pC2 = new C1(2);
    pC1->suma(pC1, pC2);
    delete pC1;
    delete pC2;
}
```

Ejemplo 2

Codificar un programa con una clase C1 que contiene un float y dos métodos: Un método de suma de dos punteros a clases C1 que retorna un puntero a la clase C1 Otro método de impresion del resultado.

```cpp
#include <vcl\dialogs.hpp>

class C1 {
    float x;
public:
    C1(float a){x=a;};
    C1* sumC1 ( C1*, C1* );
    prt();
};

C1* C1::sumC1(C1* p, C1* q) {
    p->x = p->x + q->x;
    return p;
}

C1::prt() { ShowMessage(AnsiString(x)); }

WINAPI WinMain(HINSTANCE, HINSTANCE, LPSTR, int) {
    C1 *pC1 = new C1(3);
    C1 *pC2 = new C1(2);
    pC1 = pC1->sumC1(pC1, pC2);
    pC1->prt();
    delete pC1;
    delete pC2;
}
```

14.8. Retorno de la clase desde una función miembro

Ejercicio

Codificar un programa que defina el tipo de dato complejo, la operación + para numeros complejos y constructores para complejos con y sin parte imaginaria

```
#include <iostream.h>
class complex {
    float re,im;
Public:
    complex (float r, float i)(re = r; im = i;);
    complex (float r)(re = r; im = 0;);
    complex opp (complex,complex);
    void complex_prt(complex);
};

main() {
    complex c = (0,0);
    complex a = (1.0,1.0);
    complex b = (2.0,2.0);
    c = b.opp(a,b);
    b.complex_prt(c);
}

void complex::complex_prt(complex z1) {
    cout << z1.re << z1.im;
}

complex complex::opp(complex z1, complex z2) {
    return ((z1.re + z2.re)(z1.im + z2.im));
}
```

14.9. Funciones Amigas

El programa anterior puede recodificarse utilizando funciones friend en lugar de members. Estas no usan :: ni selector de campo y se definen como sigue:

```
friend void nombre_función().

#include <iostream.h>

class complex {
    float re,im;
Public:
    complex  (float r, float i)(re = r; im = i;);
    complex (float r)(re = r; im = 0;);
    friend complex opp(complex,complex) ){return((z1.re + z2.re)(z1.im +
            z2.im));}
    void complex_prt(complex);
};

main(){
    complex c = (0,0);
    complex a = (1.0,1.0);
    complex b = (2.0,2.0);
        c = opp(a,b);                              // Modificación 2
    b.complex_prt(c);
```

```
    }

    void complex::complex_prt(complex z1) {  cout << z1.re << z1.im;  }
```

Las funciones de tipo "Friend" son necesarias porque existen situaciones en las cuales es necesario que una clase utilice variables de otra. Para no desvirtuar en estos casos la POO se requieren las funciones amigas.

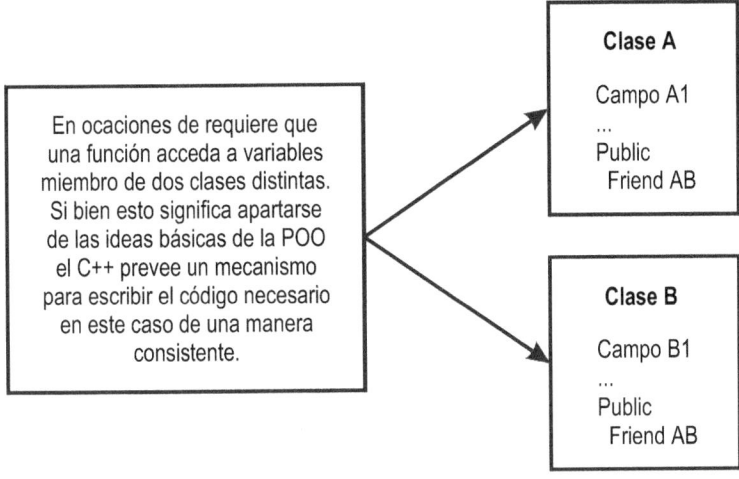

Figura 14-3

Ejemplo

Codificar un programa que defina la clase vector y la clase matriz y utilice una función para multiplicar ambos.

```
#include <iostream.h>

class vector {
    float v[4];
Public:
    vector();                    // constructor
    void elem(int);              // Destructores no van por no usar new
};

class matrix {
    vector m[4];
Public:
    matrix();                              // constructor
    void elem(int,int);
};

main() {
    vector v = vector();
    matrix m = matrix();
    multiplicar(v,m);
}

vector::vector() { for (int i=0; i<4, i++) v[i]=1; }
```

```
matrix::matrix() {
    for (int i=0; i<4, i++)
        for (int j=0; j<4, j++) m[i,j]=2;
}

vector multiplicar(vector& v, matrix& m) {    // Referencias
    vector r;
    int i, j;
    for (i=0, i < 4, i++)
        r.elem(i)=0;
        for (j=0, j < 4, j++)
            r.elem(i) = r.elem(i) + v.elem(j) * m.elem(j,i);
            return r;
}

float vector::elem(int a) { return v[i]; }
float matrix::elem(int a,int b) { return m[a,b]; }
```

El problema aca es que se debe utilizar una función multiplicar que no puede ser al mismo tiempo miembro de ambas clases. Por este motivo esta función no puede acceder a las variables v y m propias de cada clase. Para poder acceder se requieren funciones miembro de acceso en cada clase:

```
float elem(int)     y     float elem(int,int)
```

Estas funciones pueden ademas consumir una cantidad de tiempo de procesamiento no deseada.

Ejemplo

Reordenar el programa anterior definiendo a multiplicar como función friend.

```
#include <iostream.h>

class vector {
    float v[4];
Public:
    vector();
    friend vector multiplicar(vector&, matrix&);
};

class matrix {
    vector m[4];
Public:
matrix();
    friend vector multiplicar(vector&, matrix&);
};

main() {
    vector v = vector();
    matrix m = matrix();
    vector r = vector();
    r = multiplicar(v,m);
}

vector::vector() { for (int i=0; i<4, i++) v[i]=1; }

matrix::matrix() {
    for (int i=0; i<4, i++)
        for (int j=0; j<4, j++) m[i,j]=2;
```

```
        }

vector multiplicar(vector& v, matrix& m) {
vector r;
int i, j;
    for (i=0, i < 4, i++)
        r.v[i]=0;
        for (j=0, j < 4, j++)
            r.v[i] = r.v[i] + v.v[j] * m.v[j,i];
return r;
    }
```

Ejercicio

Codificar dos clases, círculo y rectángulo, y calcular el area conjunta con una función *friend*

14.10. Clases Derivadas

Es un mecanismo para agregar a una clase existente nuevas prestaciones sin necesidad de reprogramar y/o recompilar. Permiten tambien usar una interfaz común para varias clases derivadas diferentes de modo que los objetos de estas clases puedan ser manipulados del mismo modo por otras partes del programa.

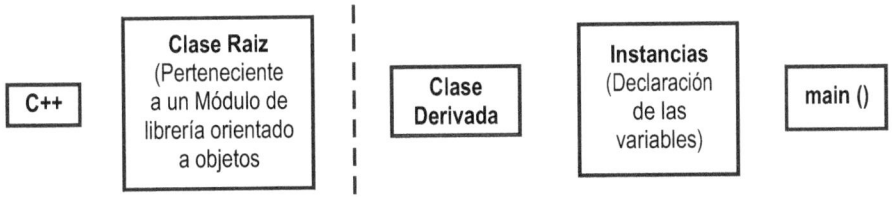

Figura 14-4

Por otro lado es interesante el hecho de que este mecanismo permite representar simplificadamente el modo en que el hombre clasifica simbólicamente los objetos del mundo que lo rodea al incorporarlos a su base de conocimientos.

Sintaxis:

class tipo_clase_derivada:(public/private/protected)...

tipo_clase_padre {

...

}

Ejemplo

Codificar un programa que utilize la clase complex definida en complex.h para derivar la clase impedancia. La clase impedancia incluira funciones miembro para el cálculo de la impedancia equivalente paralelo y serie.

```
#include <iostream.h>
#include <complex.h>
```

```
class impedancia:complex {                    //se deriva usando :
Public:
    complex Zp (complex,complex);
    complex Zs (complex,complex);
    void complex_prt(complex);
};

main()  {
    complex a = (1.0,1.0);
    complex b = (2.0,2.0);
    b = Zp(a,b);
    a = Zs(a,b);
    b.complex_prt(b);
    b.complex_prt(a);
}

void complex::complex_prt(complex z1)  { cout << z1.re << z1.im; }
    complex impedancia::Zs(complex z1, complex z2)  {
    return ((z1.re + z2.re)(z1.im + z2.im));
}

complex impedancia::Zp(complex z1, complex z2)  {
    complex numerador = complex(0,0);
    complex denominador = complex(0,0);
    numerador = a*b;
    denominador = a+b;
    return (numerador / denominador);
}
```

Ejemplo

Codificar un programa que defina la clase par (x,y) y derive la clase terna (x,y,z). El programa principal debe sumar dos ternas mediante una función miembro suma definida en la clase derivada.

```
#include <vcl\dialogs.hpp>

class par {
protected:
    int x, y;
public:
    par (int a,int b);
};

class terna:par {
    int z;
public:
    terna(int a, int b, int c);
    void sumaxyz(terna t);
    void prt();
};

par::par(int a, int b) { x = a; y = b; };
terna::terna(int a, int b, int c): par(a,b) { z = c; };
// Unimos cadenas con +
void terna::sumaxyz(terna t) { x += t.x; y += t.y; z += t.z;};

void terna::prt() { ShowMessage ( AnsiString(z) + AnsiString(x)); };

main() {
```

```
        terna t1(1.0,1.0,1.0);
        terna t2(2.0,2.0,2.0);
        t2.sumaxyz(t1);
        t2.prt();
}
```

14.11. Sobrecarga de operadores

Sobrecargar un operador significa que este puede emplearse para operar con distintos tipos de datos. La idea de sobrecarga de operadores es común a todos los lenguajes de programación de medio y alto nivel. Todos permiten sumar con +, enteros, reales u otros tipos. Es decir se usa el mismo operador con diferentes tipos de datos. Otras operaciones no son válidas en cualquier lenguaje, p. Ej.:

$$(4+2j)+(3-5j)$$

$$(15\cdot20'45")+(20\cdot30'40")$$

"concatenar" + "cadenas"

Sintaxis: tipo operator operador (lista de parámetros)

Ejemplo

Codificar un programa que defina la clase par (x,y) y un operador + para esa clase.

```
#include <iostream.h>

class par {
    float x, float y;
public:
    par (float a,float b);
    par () { x = 0; y = 0; };
    par operator +(par);
    par_prt(par);
}

par::par(float a, float b) { x = a; y = b; };

void par::par_prt (par) { cout << "(" << x << ", " << y << ")";   };

par operator +(par p1) {
    par p;
    p.x = x + p1.x;
    p.y = y + p1.y;
    return par;
}

main() {
    par par1 = (1.0,1.0);
    par par2 = (2.0,2.0);
    par resultado;
    resultado = par1 + par2;
    resultado.par_prt();
}
```

Ejemplo

Sobrecargar el operador + para sumar vectores de dimension 4.

$$(x1,x2,x3,x4) + (y1,y2,y3,y4) = (x1+y1, ...)$$

```
#include <iostream.h>

class vec {
    float v[4];
public:
    vec (float a,float b, float c, float d);
    vec () { for (i=0;i<4;i++) v[i]= 0; };
    vec operator +(vec);
    vec_prt(vec);
}

vec::vec(float a, float b, float c, float d) {
    v[0]=a; v[1]= b; v[2]=c; v[3]=d;
};

void vec::vec_prt (vec) {
    cout << v[0] << ", " << v[1] <<", "<< v[2]  << ", " << v[3] << "\n";
};

vec operator +(vec p1) {
    vec p;
    for (i=0;i<4;i++) p.v[i] = v[i] + p1.v[i];
    return p;
}

main() {
    vec vec1 = (1,1,1,1);
    vec vec2 = (2,2,2,2);
    vec resultado;
    resultado = vec1 + vec2;
    resultado.vec_prt();
}
```

14.12. Referencias

La expresión tipo *p; es equivalente a tipo* p. Pero la expresión tipo& a; si bien puede escribirse tipo &a, no esta relacionada con el operador de desreferencia de la manera usual en ANSI C.

En C++ int& a o int &a es llamada una "Referencia", y este concepto ocupa un lugar junto a las variables y los punteros.

Una referencia es un nombre alternativo para un objeto. Se usan para pasar parámetros, retornar valores y especialmente para sobrecargar operadores.

```
int i = 0;
int& j = i;                    // j e i se refieren al mismo objeto
j++;                           // i se incrementa en 1
```

Sin embargo su empleo es similar al uso combinado de los operadores * y &, Solo que no requiere del uso de punteros (*p) para referirse a la variable. Esto es asi porque una referencia a un tipo conserva por definición el mismo tipo.

Ejemplo

Codificar un programa que utilice una función suma para sumar dos enteros recibidos "como referencias" (No "por referencia" en el sentido del C stándard)

```
#include <iostream.h>
int suma(int& a, int& b);

main() {
    int ia=23;
    int ib=27;
    cout << "Resultado: " << suma(ia,ib);
}
int suma(int& a, int& b) { return a + b; };
```

Se ve que dentro de la última función no aparecen los punteros y asteriscos.

14.12.1. Referencias y punteros

Ejemplo

Codificar un programa que declare un entero, lo inicialize, declare una referencia al mismo y la imprima. Como ya se explicó, la referencia a un tipo, p ej. Int es tomada por el compilador como un int

```
#include < iostream.h >

main() {
int k = 2;
int& i = k;
                            // La referencia debe inicializarse
cout << i;                  // j=i o i=j daria error pues int& es un int
}
```

14.12.2. Referencias a clases

Ejercicio: Codificar un programa que utilice una función F que reciba una clase C por referencia. La clase C debe contener un campo entero al cual la función F debe sumar la unidad e imprimirlo. (Los comentarios dan las modificaciones requeridas para Builder C/C++ el que se explica en el siguiente capítulo).

```
#include <iostream.h>                      // <vcl\dialogs.hpp>

class C1 {
    int x;
public:
    C1(int a){x=a;};
    int suma(C1& o);
};

int C1::suma(C1& o){ return(1 + o.x); }
```

```
main() {        // WINAPI WinMain(HINSTANCE,   HINSTANCE, LPSTR, int) {
    C1 obj = C1(2);
    cout << x ;                      // ShowMessage(AnsiString(obj.suma(obj)));
}
```

14.13. Paso De Referencias y paso Por Referencia

Ejemplo: Codificar un programa que defina un entero "x" y pase una referencia al mismo a una función "suma" que lo incremente en 1. Imprimir el entero x antes y despues de la llamada a la función suma mostrando que el efecto de pasar una referencia es similar al paso por referencia. (Los comentarios dan las modificaciones requeridas para Builder C/C++ el que se explica en el siguiente capítulo).

```
#include <iostream.h>                          //<vcl\dialogs.hpp>

int suma(int& a){ a=a + 1; }
                    //WINAPI WinMain(HINSTANCE, HINSTANCE, LPSTR, int)

main() {
    int x=1;
    cout << x ;                              // ShowMessage(AnsiString(x));
    suma(x);
    cout << x ;                              // ShowMessage(AnsiString(x));
}
```

14.14. Objetos de clases derivadas y punteros

Este es un mecanismo que permite al programador definir funciones en la clase base que pueden ser redefinidas en las clases derivadas. El compilador decide que función utiliza.

Un objeto de una clase derivada puede ser tratado como un objeto de la clase base cuando se lo manipula a traves de punteros. La relación inversa no se cumple.

Ejemplos de estas posibles relaciones.

```
#include <iostream.h>

class par {
    float x;
    float y;
};

class terna:public par {
    float z;
};

main() {
    terna t;
    par* pp = &t;      // Suponemos que hay constructor que lo inicializo
    par p;
    terna* tt = &p;    // Error, la terna queda sin espacio para z
    t = (terna *)pp;   // OK el Cast proporciona espacio para la terna
};
```

14.14.1. Accesibilidad entre distintas jerarquías

Un miembro de una clase derivada no puede acceder a las variables (privadas) de una clase. De lo contrario los campos privados de una clase podrían hacerse públicos con solo derivar una nueva clase. Si puede un miembro de una clase derivada acceder a los (funciones) miembros (Públicas) de la clase base. Un caso intermedio puede concretarse empleando la palabra PROTECTED en vez de PRIVATE.

14.15. Funciones virtuales

```
Class par{
    float x;
    float y;
Public:
    Virtual void Print_par();
};
```

14.15.1. Clases abstractas y funciones virtuales puras

Ejemplo

Definir la clase abstracta forma con una función virtual pura perímetro()

Definir luego las subclases triángulo y rectángulo (En 2D) con declaración privada de vértices y función virtual área().

Codificar un programa simple que utilice estas clases.

```
Class forma{
    Public:
        Virtual void rotate(int);
        Virtual void draw();
};
```
Ciertas clases base pueden hacer referencia a conceptos sin definir sus propios campos. La función de estas clases es servir de base para derivar clases con campos diferentes que si se puedan utilizar. Tambien son usadas estas clases base como elemento de interfaz para el programador. Estas clases sin campos se denominan "abstractas".
Las funciones virtuales definidas en una clase abstracta no pueden usarse por carecer de campos la clase. Para evitar errores (llamarlas inadvertidamente) deben ser inicializadas a 0. Inicializadas de este modo se llaman *Funciones virtuales puras*.

```
Class forma{
    Public:
        Virtual void rotate(int) = 0;
        Virtual void draw() = 0;
};

Class circle:public forma {
    Float radio;
Public:
    Virtual void rotate(int);
    Virtual void draw();
    Circle(point p, float r);
};
```

```
#include <iostream.h>

Class forma {
    Public:
        Virtual void perímetro(int) = 0;
};
```

Una clase con al menos una Función virtual pura es una clase abstracta y no se pueden crear objetos para esa clase.

```
class forma:public triángulo {
    float p1[2];
    float p2[2];
    float p3[2];
Public:
    Triángulo(float, float, float);
    Void perímetro(float, float, float, float);
};

class forma:public cuadrado {
    float p1[2];
    float p2[2];
    float p3[2];
    float p4[2];
Public:
    cuadrado(float&, float&, float&);
    void perímetro(float&, float&, float&, float&);
};

main() {
    ingresar valores...

    Triángulo TRI(v1,v2,v3);
    Cuadrado CUA(v4,v5,v6,v7);
    TRI.Perímetro();
    CUA.Perímetro();
}

// Aquí deben codificarse las funciones.
```

Como la clase base no tiene constructor no haria falta añadirlo a los constructores de las clases derivadas.

Ejemplo

Codificar un programa con dos clases C1 y C2 que tienen un float y su impresion. Siendo una derivada de la otra.

```
#include <vcl\dialogs.hpp>

class C1 {
    protected:              // Protected permite que los hijos accedan
    float x;
public:
    C1(float a){x=a;};
    prtC1();
};

class C2:C1 {
    float y;
```

```
public:
C2(float a, float b);
    prtC2();
};

                              // No va el tipo en el constructor padre !

C2::C2(float a, float b):C1(a) { y=b; }

C1::prtC1(){ ShowMessage( AnsiString( x )); }

C2::prtC2(){ ShowMessage( AnsiString( x + y )); }

WINAPI WinMain(HINSTANCE, HINSTANCE, LPSTR, int) {
    C2 p1(3,3);
    p1.prtC2();
    return 0;
}
```

Ejercicio

Codificar un programa que defina una clase TPunto que contenga las coordenadas de un punto en el plano y una clase derivada TEntidad que contenga ademas el color y una función para imprimir los campos.

Derivación Doble:

A partir del Tentidad anterior codificar un programa que use Tcírculo, derivada de Tentidad que contenga el radio y una función para cálculo del area.

14.17. Clases Derivadas y Punteros a las clases.- Polimorfismo

Ejemplo

Codificar un programa que defina una clase TReal que contenga un miembro float x y una clase derivada TPar que contenga la segunda coordenada float y. La clase debera contener una función de impresión de los parámetros.

El programa deberá emplear un puntero a la clase base al cual se asignaran

posteriormente instancias de ambas clases para ejecutar la función de impresión.

Primero lo codificamos sin usar punteros:

```
#include <vcl\dialogs.hpp>

class TReal {
protected:
    int x;
public:
TReal(int a) { x=a; };
    prt();
};

class TPar:TReal {
    float y;
```

```
public:
    TPar(float b, int a);
    prt() { ShowMessage(AnsiString(x+y));};
};

TPar::TPar(float b, int a):TReal(a) { y=b;}

WINAPI WinMain(HINSTANCE, HINSTANCE, LPSTR, int) {
    TPar C1 = TPar(2,2);
    C1.prt();
    return 0;
}
```

Ejemplo

Codificar un programa que defina una clase TBase que contenga un miembro float x y una clase derivada TDer que contenga un segundo miembro float y. Cada clase debera contener una función de impresión de sus parámetros.

El programa deberá emplear un puntero a la clase base al cual se asignaran posteriormente instancias de ambas clases para ejecutar la función de impresión.

Para que la función de impresión empleada sea alternativamente la de una u otra clase debe ser declarada como virtual en la clase base, lo que hace que las asociaciones entre datos y funciones se establezcan en tiempo de ejecución y no en tiempo de compilación.

El puntero debe ser declarado a la clase base ya que de lo contrario no es viable.

```
#include <vcl\dialogs.hpp>

class TBase {
    int x;
public:
    TBase() { x=2;};
    virtual prt(){ ShowMessage( AnsiString( x ) ); };
};

class TDer:TBase {
    int y;
public:
    TDer();
    prt() { ShowMessage( AnsiString(y) );};
};

TDer::TDer():TBase() { y=3;}

WINAPI WinMain(HINSTANCE, HINSTANCE, LPSTR, int) {
    TBase * obj;
    obj = new TBase();
    obj->prt();
    delete obj;

    obj = (TBase *) new TDer();
    obj->prt();
    delete obj;

    return 0;
}
```

14.18. Puntero THIS

Ejemplo del puntero THIS para retornar todos los campos de un objeto de esa clase, que es donde realmente tiene sentido, sino tendria que definir un objeto auxiliar dentro de la función, guardar los valores ahí y retornar ese objeto auxiliar.

```
#include <vcl\dialogs.hpp>

class C {
    int x;
public:
    C (int a){ x = a; };
    C ret();
    prt(C p);
};

C::prt(par p) {ShowMessage(AnsiString(p.x));};

C C::ret() {return *this;};

WINAPI WinMain(HINSTANCE, HINSTANCE, LPSTR, int) {
    C p(2.0);
    p.prt(p.ret());
}
```

Ejemplo de uso del puntero THIS. Retorno de un campo de un objeto.

```
#include <vcl\dialogs.hpp>

class C {
    int x;
public:
    C (int a){ x = a; };
    prt();
};

C::prt() {ShowMessage(AnsiString(this->x));};

WINAPI WinMain(HINSTANCE, HINSTANCE, LPSTR, int) {
    C p(2.0);
    p.prt();
}
```

14.19. Esquema generico de clases derivadas y punteros

```
#include <iostream.h>

class Base {
//                      Datos miembro...
        private:
                short   baseMember;
//                       Funciones miembro...
        protected:
                void    SetBaseMember( short baseValue );
                short   GetBaseMember();
};
```

```
void      Base::SetBaseMember( short baseValue ){ baseMember = baseValue;
}

short    Base::GetBaseMember(){ return baseMember; }

class Derived : public Base{
//                      Datos miembro...
        private:
                short    derivedMember;
//                       Funciones miembro...
        public:
                void     SetMembers( short baseValue, short  derivedValue
);
                void     PrintDataMembers();
};

void     Derived::SetMembers( short baseValue, short derivedValue ) {
         derivedMember = derivedValue;
         SetBaseMember( baseValue );
}

void     Derived::PrintDataMembers() {
    cout << "baseMember was set to " << GetBaseMember() << '\n';
    cout << "derivedMember was set to " << derivedMember << '\n';
}

int      main() {
         Derived          *derivedPtr;
         derivedPtr = new Derived;
         derivedPtr->SetMembers( 10, 20 );
         derivedPtr->PrintDataMembers();
         return 0;
}
```

15

Entornos Visuales C/C++

15.1. Introducción

En los siguientes párrafos se introducen los sitemas denominados visuales y se toma como ejemplo el entorno visual builder c/c++. Estos entornos de desarrollo de software denominados visuales han sido escritos para emplearse con diferentes lenguajes (C/C++, Lisp, Pascal, etc) y estan orientados a facilitar la generación de la interfaz de usuario cuando se trata de programas para computadores o al menos dispositivos de programación potentes dotados de terminales gráficas.

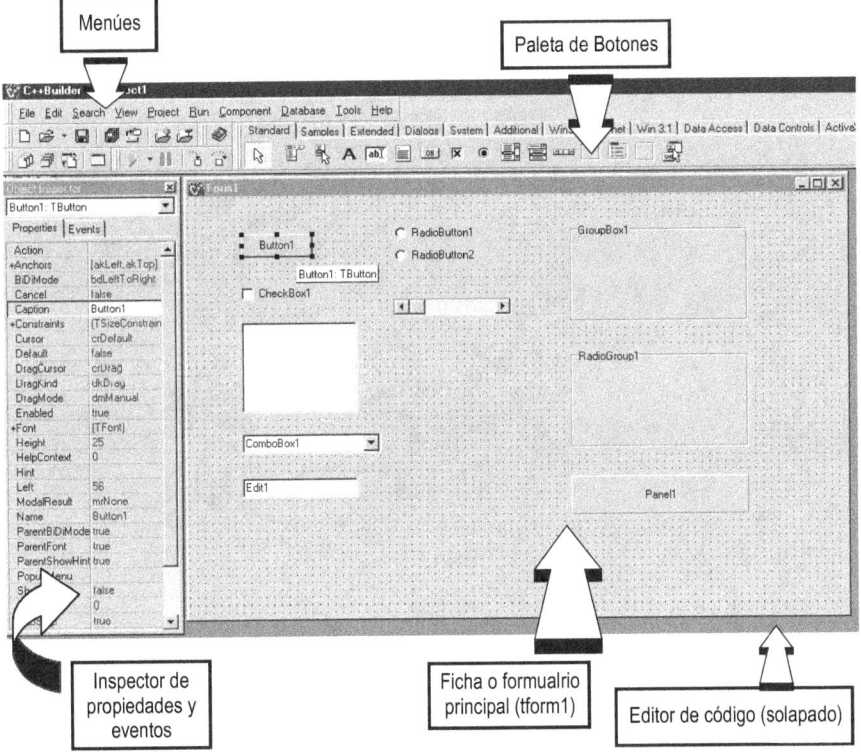

Figura 15-1: La figura mustra el entorno builder C++ con ficha o formulario

Cuando se realiza un proyecto, conviene partir de una primera ventana o formulario, el cual contiene los componentes (botones, gráficos, barras deslizantes, etc.) que permiten al usuario del programa dialogar con este y controlarlo. A partir de esta primer ventana podrán eventualmente generarse otras, desplegarse menús de opciones y demas recursos de la interfaz. El código de la interfaz se genera en la mayoría de los sistemas de este tipo en forma automática, a costa de cierta limitación en las características del código que se genera. Dicha limitación es actualmente lo suficientemente pequeña como para satisfacer la gran mayoría de problemas prácticos de programación de computadoras.

A continuación se muestra el código de este compilador para un programa que no emplea el mencionado formulario inicial. Es decir que puede programarse en este entorno bajo las pautas ya vistas, aunque se vera que en casos de programación de interfaces de usuario, es largamente conveniente aprovechar las facilidades propias de estos sistemas.

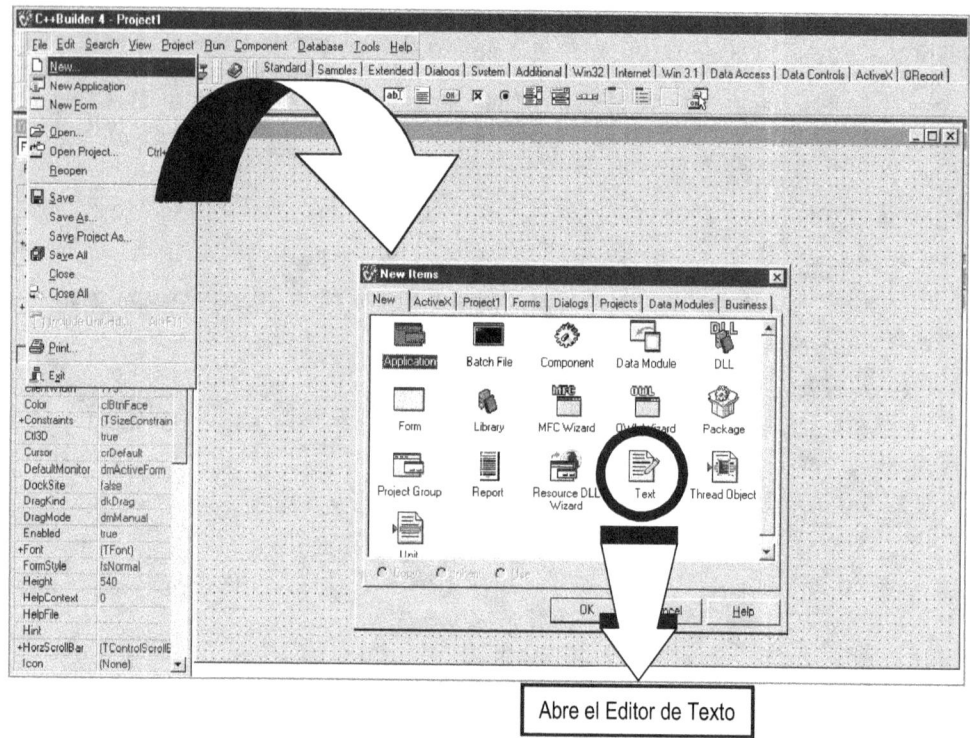

Figura 15-2

En las siguientes páginas se describen algunos conceptos básicos sobre la utilización de entornos integrados de programación visual. En general se ha tomado como referencia el sistema Builder C/C++.

A continuación se muestra un programa que puede ser escrito en la manera vista hasta ahora, sin emplear un formulario inicial. El formulario, también llamado ficha, caja de diálogo o ventana de diálogo es el área de pantalla que nos permite interactuar con una aplicación. El uso y significado del formulario inicial se verá en los párrafos siguientes.

Para este ejemplo abrimos un archivo nuevo (seleccionamos new y luego tipo text como muestra la figura) para programa que no emplea ningún formulario (en el entorno Builder C/C++)

```
#include <vcl.h>
#pragma hdrstop

class Tpa {
    float x;   float y;
public:
    Tpar(){x=0;y=0;};
    prtTpar();
};

Tpar::prtTpar(){ShowMessage("Hola");}

WINAPI WinMain(HINSTANCE, HINSTANCE, LPSTR, int) {
    Tpar p1;
    p1.prtTpar();
    return 0;
}
```

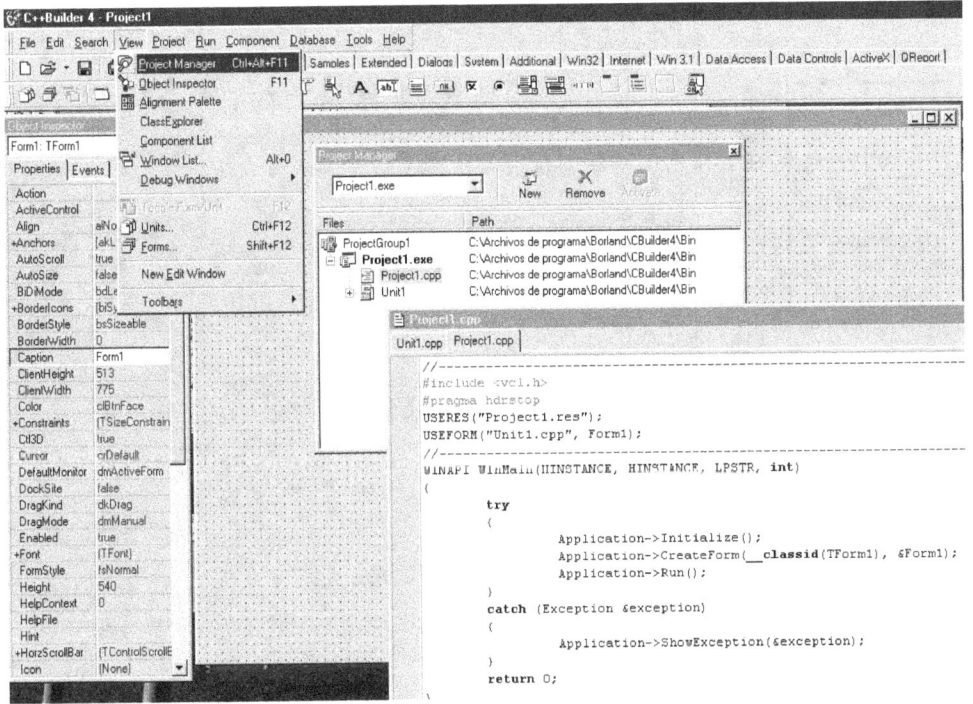

Figura 15-3: El archivo creado puede incorporarse a un proyecto, VIEW -> Projet Manager nos muestra la composición del proyecto

El ejemplo siguiente muestra un modo muy simple de ingreso de datos. (Uso de InputBox (Builder C/C++))

```
#include <vcl\dialogs.hpp>
```

```
class C1 {
    AnsiString c;
public:
    C1(AnsiString a){ c = a; };
    prt(AnsiString b);
};

C1::prt(AnsiString b) { ShowMessage(b);}

WINAPI WinMain(HINSTANCE, HINSTANCE, LPSTR, int) {
    AnsiString a = InputBox("Input Box", "Prompt", "Default string");
    C1 objeto = C1(a);
    objeto.prt(a);
}
```

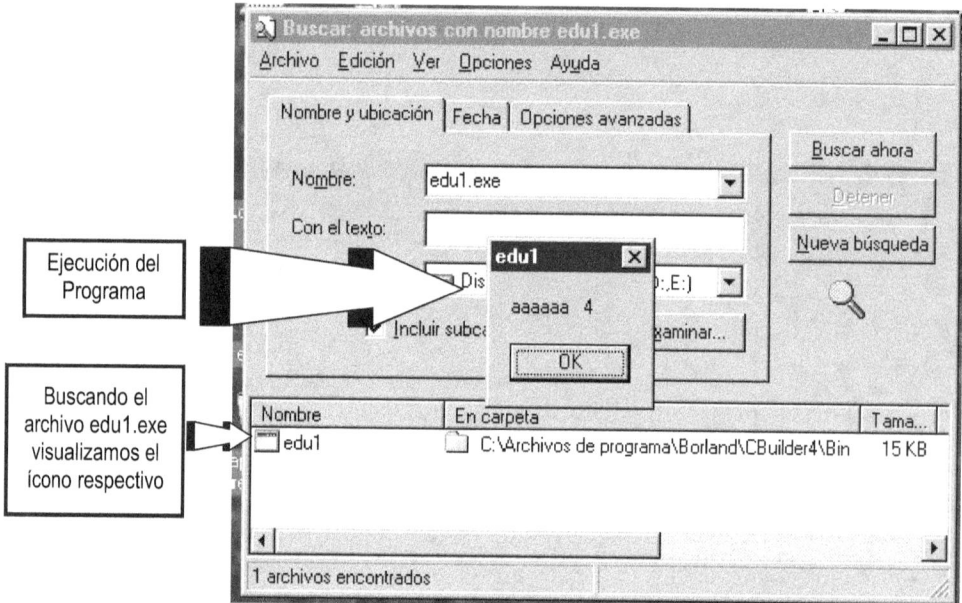

Figura 15-4: Para compilar y ejecutat podemos hacer: Menu: Projet -> Build Projet + Run -> run

15.2. Definiciones

Componentes: En sentido mas amplio que el utilizado simplemente para los componentes visuales del formulario, los componentes poseen (pueden no poseer) parte visual y los métodos no-visuales necesarios para cumplir la acción requerida. Evitan tener que codificar todo el programa, ya que se pueden emplear componentes ya escritos y son compatibles con un entornos visuales dado. Ej. : Para intercambiar información no sera necesario conocer a fondo un puerto serie y las órdenes de Windows requeridas para controlar el mismo si se consigue un componente que realiza esa gestión.

Métodos: Parte no visual de los llamados componentes, corresponden al código de las funciones miembro, friends etc.

Eventos: Son las señales que el entorno visual recibe desde distintos periféricos como pueden ser el mouse, teclado, etc. Esto es lo que permite precisamente que el entorno sea interactivo, su funcionamiento asincrono y su programación no secuencial.

Propiedades: Variables pertenecientes a un cierto objeto y cuyos valores en el caso de las fichas y componentes visuales pueden venir seteados y ser modificados al construir un nuevo programa. También suelen llamarse asi a variables y métodos de una clase previstos para usarse en forma combinada (que se usan para modificar precisamente las propiedades (visuales) de los componentes visuales, diferenciándolos de las variables y los métodos de la clase que son independientes unos de otros.

15.3. Extensión del código

El mismo programa escrito en C++ para Windows puede requerir 10 veces mas código.

Todos los componentes gráficos de la interfaz incluyendo el formulario y sus componentes (Botones, cajas de diálogo, etc.) son objetos C++. Siempre hay una ficha o formulario inicial (TForm1)

15.4. Conceptos asociados al diseño de componentes de tipo Ficha o Formulario

Evento por defecto: El evento que debe accionar al módulo de programa correspondiente a un componente.

Parámetros de eventos: Los parámetros que se "retornan" al flujo del programa como respuesta a un evento sobre un componente visual.

Edición: Se pueden manipular la posición, tamaño, título, etc. asi como cortar, pegar, copiar, alinear automáticamente los componentes

Análisis de código: Con el mouse se accede al codigo del componente. La descripción de la parte visual de los componentes se almacena en archivos de distinto tipo (P ej DFM en Builder C++) a los del código no visual (P ej CPP).

Opciones de la Asistencia a la Escritura del Código (Code Insight)

- Introduciendo el nombre de un método (Función miembro) seguida de " (" aparece la lista de parámetros con su tipo.

- Al introducir el nombre de un objeto, seguido de -> aparece una lista de los miembros de ese objeto

- " forb control+j " construye el código de la estructura de control, en este caso un ciclo for.

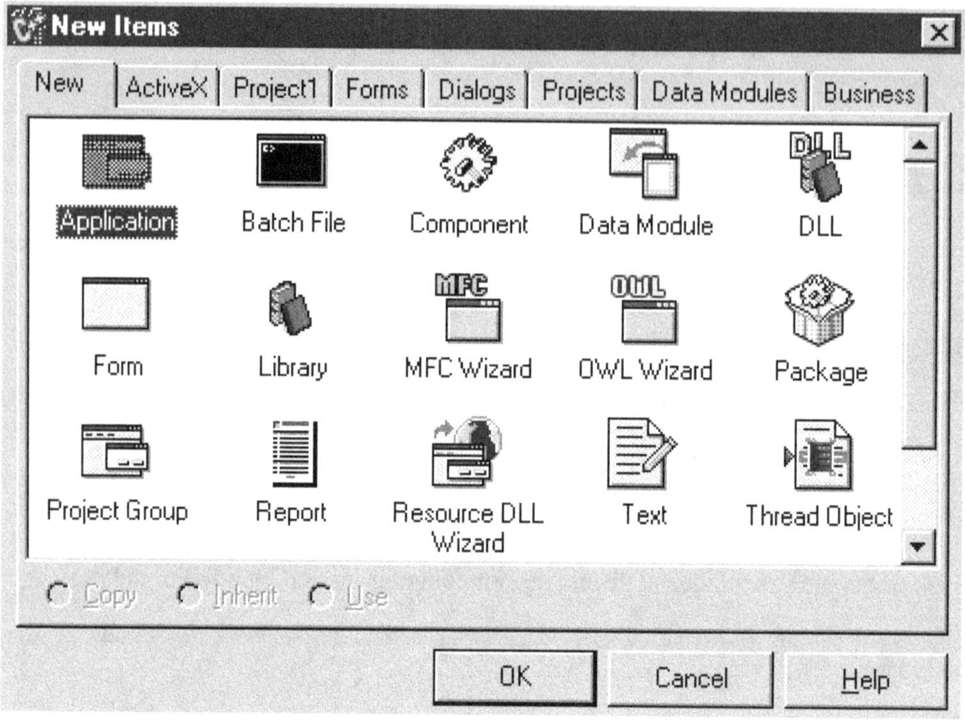

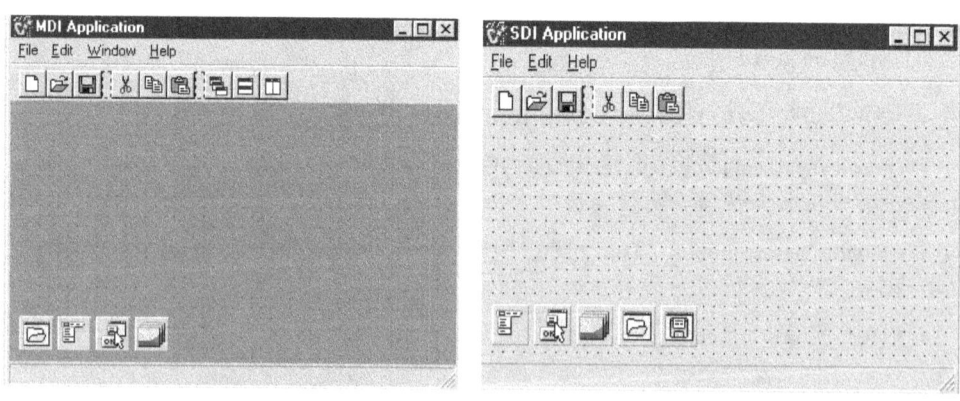

Figura 15-5: Es posible crear automáticamente el código de los diferentes módulos de software a desarrollar inicializandolos con FILE -< NEW

Bajo Windows existen dos modos diferentes de inicializar las aplicaciones con formulario, de formulario múltiple y simple como se muestra en la siguiente figura

Múltiple Document Application   Single Document Aplication

Figura 15-6

15.5. Ejemplos de componentes usuales

15.5.1. Componente de "edición de texto":

Escribir en un componente de "edición de texto", y visualizar lo escrito en un componente de "texto", al pulsar un componente de "botón"

El código contenido dentro de la función: TSDIAppForm::Button1Click

es el código que se ejecutará al pulsar el botón:Button1

Recordando que   (*Label).Caption   equivale a   Label->Caption

La primer línea define una variable auxiliar STR

La segunda línea almacena en STR lo que esta contenido en (*Edit2).Text

La tercera línea almacena en (*Label).Caption lo que esta contenido en STR

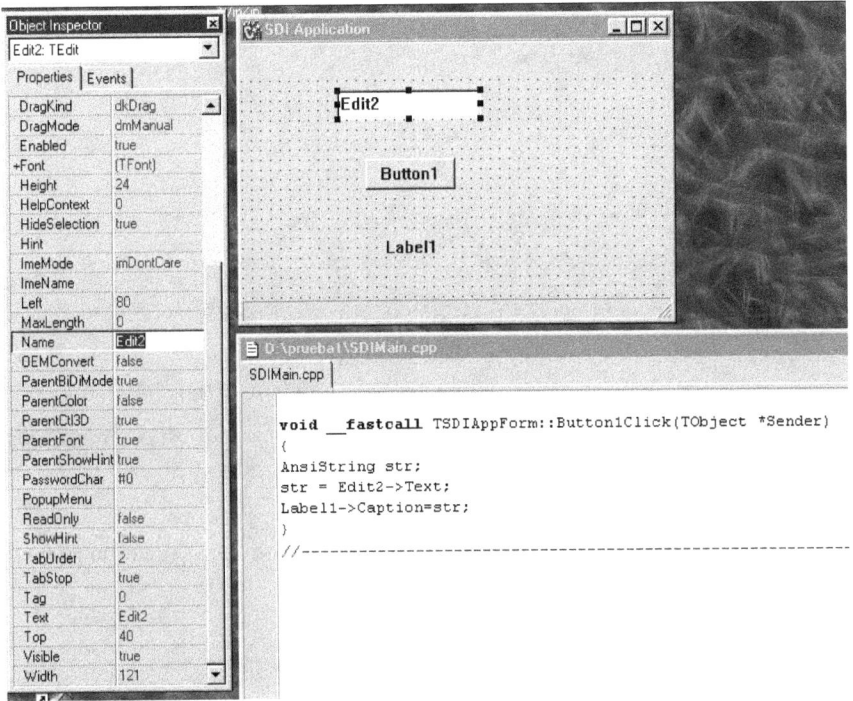

Figura 15-7

15.5.2. Componente de Agrupamiento. Ejemplo sin código asociado (sin acciones)

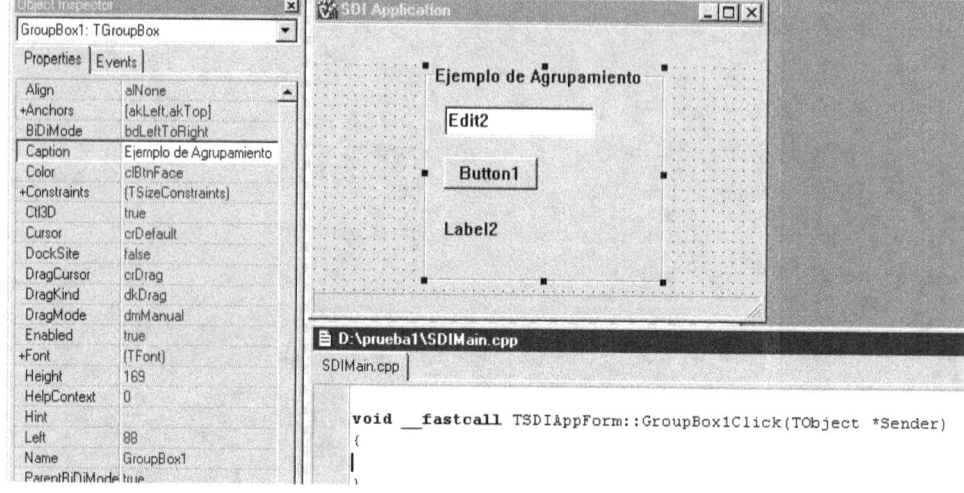

Figura 15-8

15.5.3. Componentes de botones de radio:

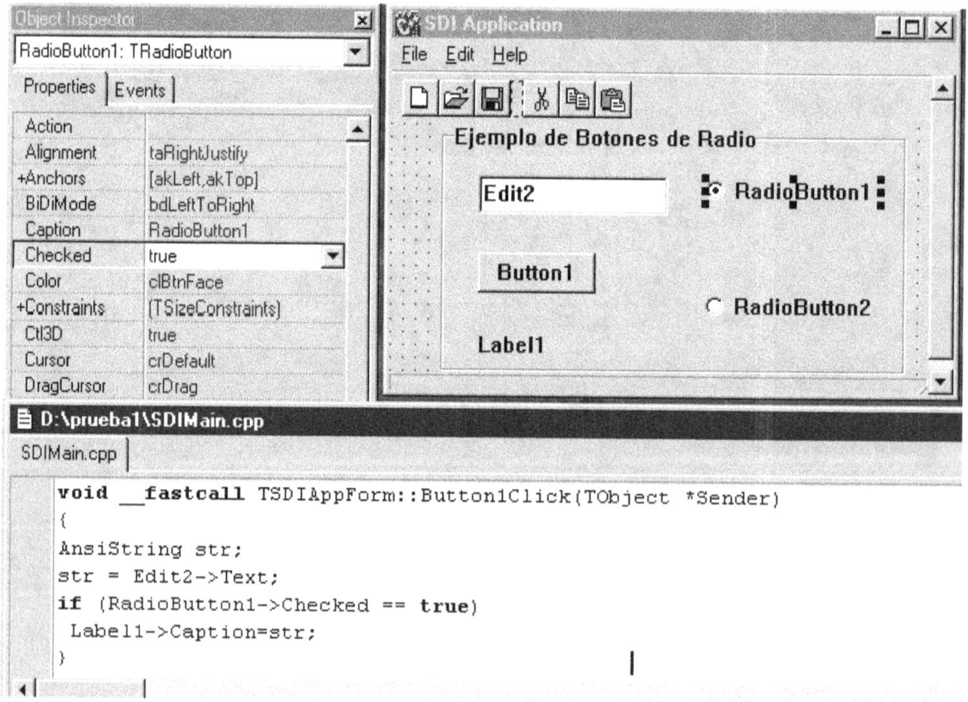

```
void __fastcall TSDIAppForm::Button1Click(TObject *Sender)
{
AnsiString str;
str = Edit2->Text;
if (RadioButton1->Checked == true)
  Label1->Caption=str;
}
```

Figura 15-9

Ejemplo de componentes de botones de radio: Repetir el ejemplo anterior de modo que la actualización de la etiqueta dependa de dos botones de radio.

Solo si la variable Checked del objeto RadioButton1 esta en TRUE se actualiza la etiqueta. Solo un RadioButton puede ser TRUE en un momento dado

15.5.4. Componente de barra deslizante

Repetir el ejemplo anterior de modo que el valor numérico retornado por un componente de barra deslizante sea convertido a tipo AnsiString y mostrado en la caja de edición Edit2 al pulsar el Botón Button1

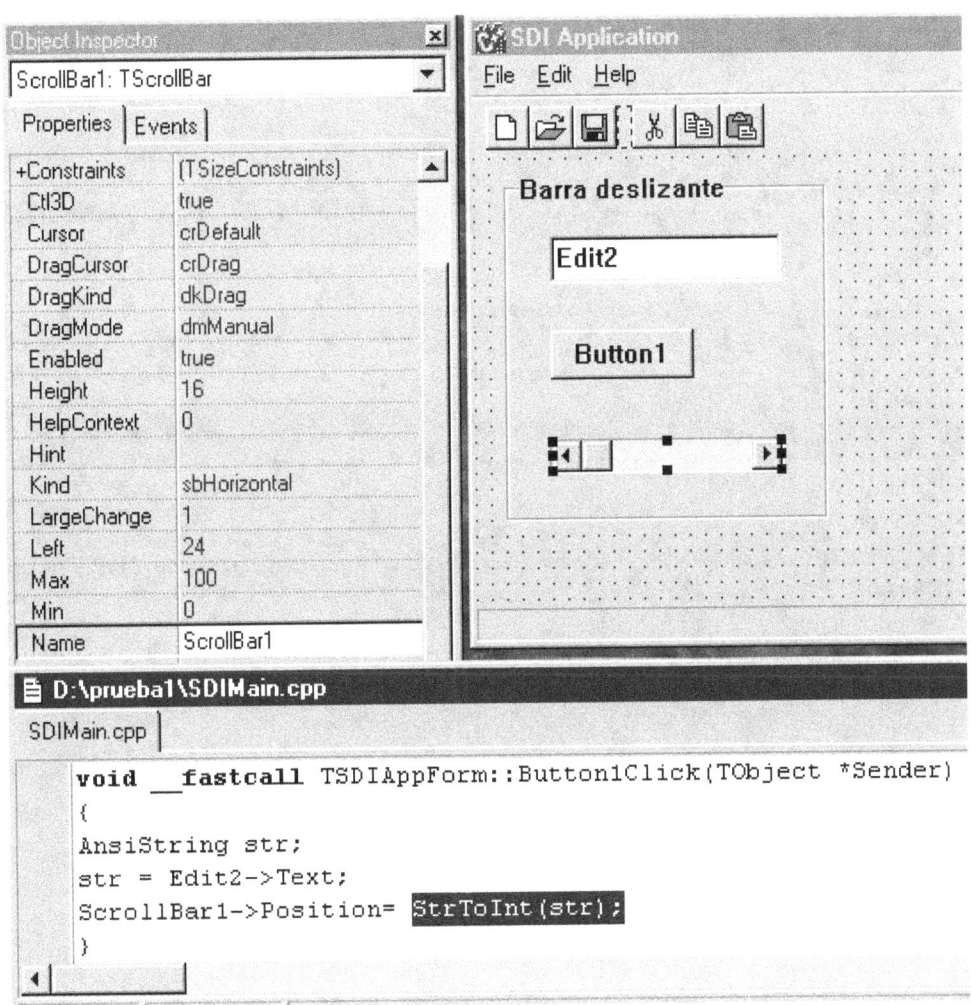

Figura 15-10

15.5.5. Dibujo de primitivas geométricas y mapas de bits

La propiedad Canvas (Lienzo) de una ficha representa el área de dibujo de la ficha. Aquí usamos las funciones MoveTo y LineTo del objeto Canvas en un SDI o MDI

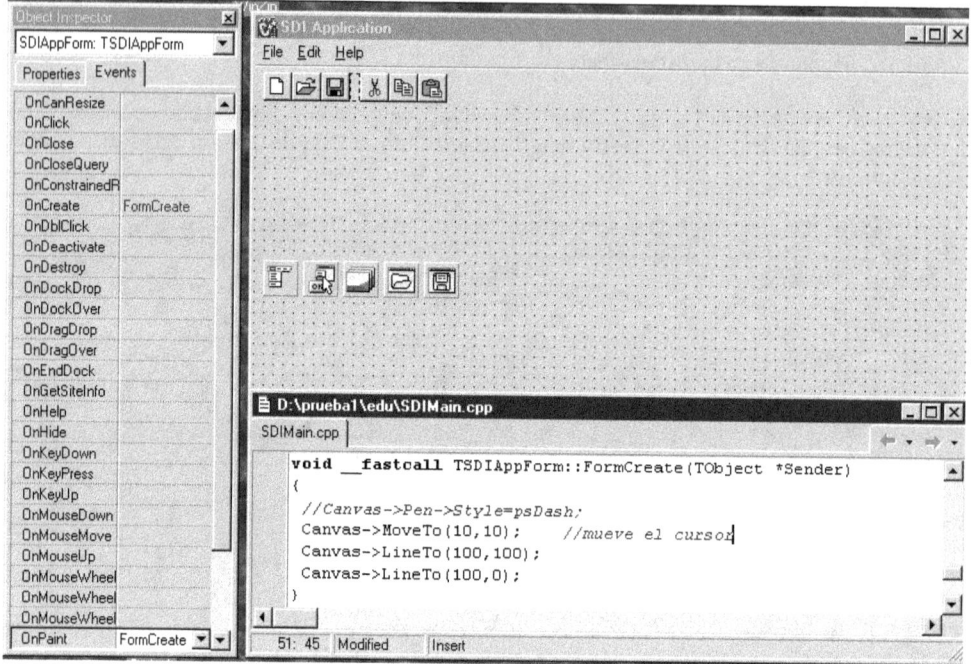

Figura 15-11

Código básico para dibujar líneas en el canvas del Builder C++ empleando el objeto Canvas y el método LineTo.

```cpp
#include <vcl.h>
#pragma hdrstop
#include "canmain.h"
#pragma resource "*.dfm"
TForm1 *Form1;
__fastcall TForm1::TForm1(TComponent* Owner)  : TForm(Owner)  { }

void_fastcall TForm1::FormCreate(TObject *Sender) {
    Canvas->Pen->Color = 199;
}

void_fastcall TForm1::FormPaint(TObject *Sender) {
    int r = 200, i, j;                       //dibuja lineas en el canvas
    for (i = 0; i < 2; i++) {
        for (j = i + 1; j < 3; j++) {        //floor redondea
            Canvas->LineTo(r + floor(j * r),r + floor(i * r));
        }
    }
}
```

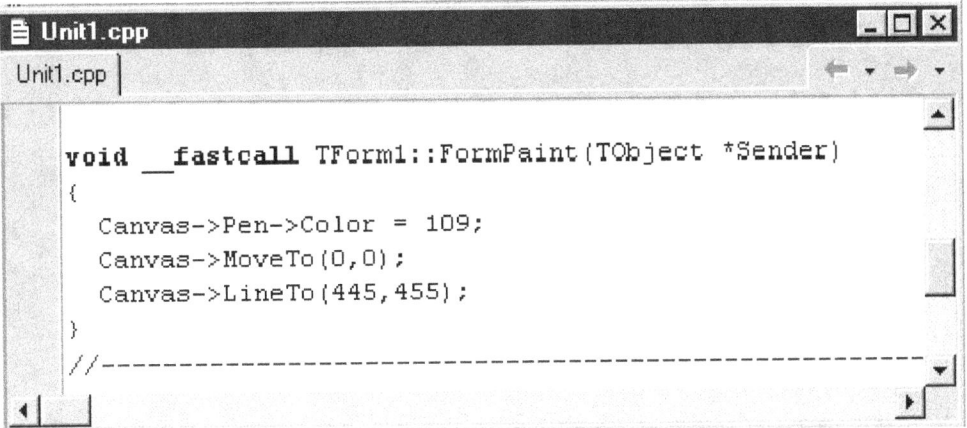

Figura 15-12: Los gráficos en Tiempo de Ejecución pueden programarse abriendo un formulario y haciendo doble click en el evento OnPaint. Completando con el siguiente código se puede correr el programa que dibuha una línea

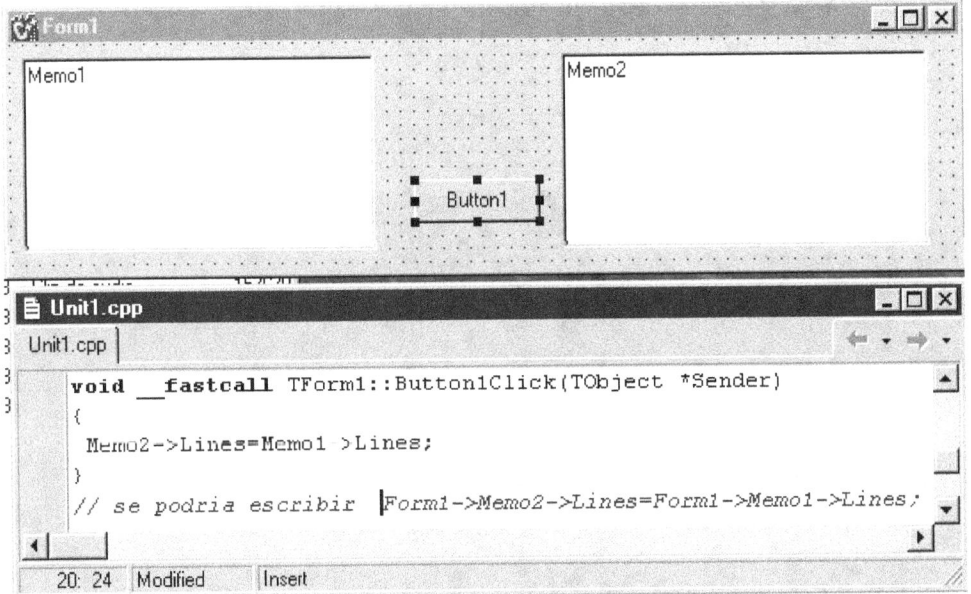

Figura 15-13: Memos: Formulario con dos componentes MEMO y un BUTTON que copia el texto de un memo al otro

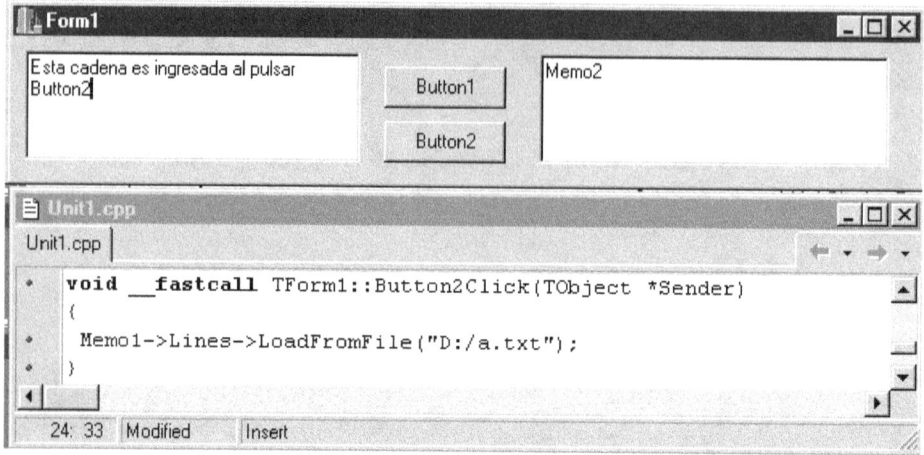

Form1
Esta cadena es ingresada al pulsar Button2
Button1
Button2
Memo2
Unit1.cpp
Unit1.cpp
void __fastcall TForm1::Button2Click(TObject *Sender)
{
Memo1->Lines->LoadFromFile("D:/a.txt");
}
24: 33
Modified
Insert

Figura 15-14: Memos: Formulario con componenete Memo que lee texto de un archivo. Caja de edición: Aplicada a la capturar del archivo leer

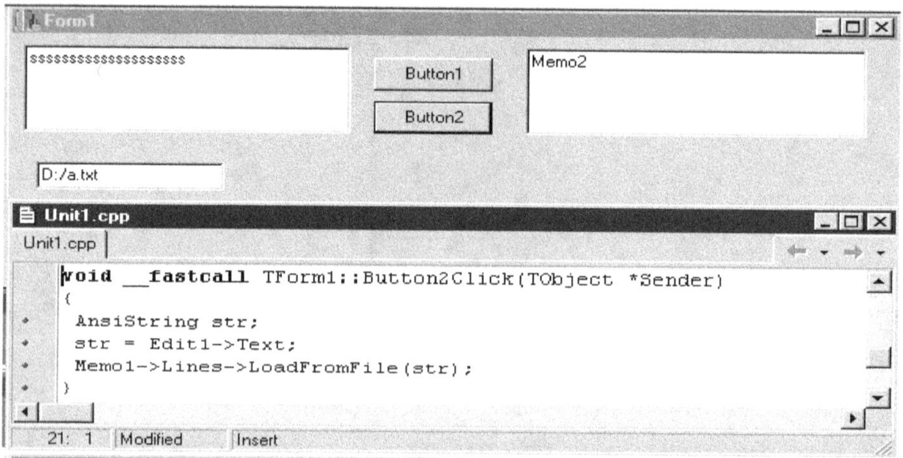

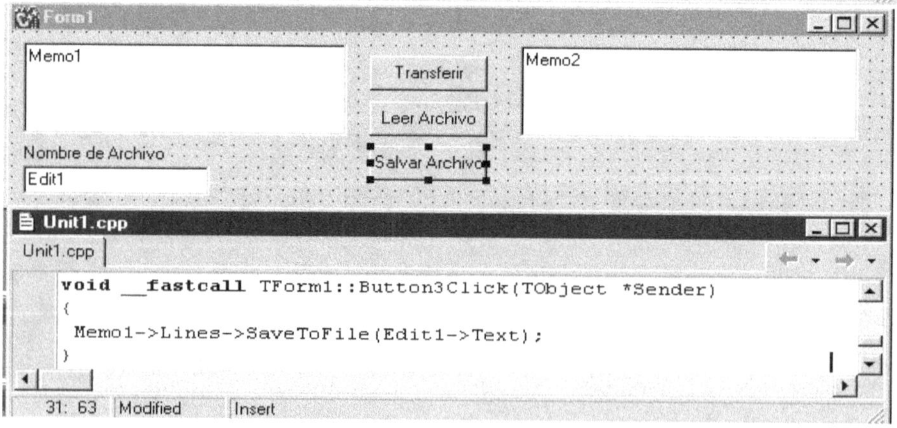

Form1
ssssssssssssssssssss
Button1
Button2
Memo2
D:/a.txt
Unit1.cpp
Unit1.cpp
void __fastcall TForm1::Button2Click(TObject *Sender)
{
AnsiString str;
str = Edit1->Text;
Memo1->Lines->LoadFromFile(str);
}
21: 1
Modified
Insert

Form1
Memo1
Transferir
Leer Archivo
Salvar Archivo
Memo2
Nombre de Archivo
Edit1
Unit1.cpp
Unit1.cpp
void __fastcall TForm1::Button3Click(TObject *Sender)
{
Memo1->Lines->SaveToFile(Edit1->Text);
}
31: 63
Modified
Insert

Figura 15-15: Salvando/Grabando el archivo. Se incorpora un componente de texto a la caja de edición

```
D:\prog_guille\Mezcla.cpp                                    _ □ ×

Mezcla.cpp

    void   __fastcall TFMezcla::TomarNumero(void)
    {
    char cadena[10];
    int cont;
    char carac;
    FILE *FConfig;
    if ((FConfig=fopen("Config.txt","r"))!=NULL) {
        fseek(FConfig, 0, SEEK_SET);
        cont=0;
        while(cont<=10 && (carac=fgetc(FConfig))!=EOF) {
            if(carac==' ') {
                if(cont>1) break;
            }
            else {
                cadena[cont]=carac;
                cont++;
            }
        }
        cadena[cont]=0;
        numero=atoi(cadena);
        fclose(FConfig);
    }
    }

 428: 1                  Insert
```

Figura 15-16: Como puede verse, los archivos pueden manipularse con las respectivas órdenes del C standart, fopen(), fclose(), etc. en el código de un entorno visual interactivo

16

Puertos e/s

16.1. El Uso De Puertos Mediante Lenguaje C

La familia de procesadores 8086 controla y se comunica con muchas partes del ordenador a través de los puertos de entrada salida E/S. Los puertos son las entradas a través de las cuales viaja la información desde o hacia un dispositivo de E/S (p ej. La impresora, el teclado, etc.). A la mayoría de los chips de apoyo del procesador se accede a través de los puertos.

Cada puerto se identifica con un número de 16 bits. Este número va desde 0000H a FFFFH (65535). La CPU identifica un puerto particular por su número.

La CPU manda una dirección de puerto por el bus de direcciones. El puerto al que corresponda la dirección responderá.

Las ordenes en ensamblador son diferentes para direcciones de memoria y de puerto: El procesador avisa que la dirección enviada es la de un puerto, ya que las direcciones de memoria no son lo mismo. Es decir que el puerto E/S 3D8H no tiene nada que ver con la dirección de memoria 003D8H.Los lenguajes de alto y medio nivel suelen tener funciones de E/S a puertos.

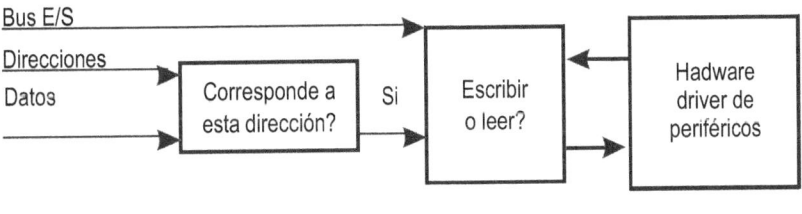

Figura 16-1

16.2. Puertos y chips de apoyo

Por lo general al dirigirse al puerto se esta accediendo a un chip de apoyo o a un circuito construido sobre la base de este chip de apoyo de la CPU. Estos chips tiene usualmente mas de un puerto a los que se accede mediante una dirección de referencia y las siguientes, como muestra el siguiente cuadro. El mismo muestra 4 de direcciones consecutivas: de control A B y C.

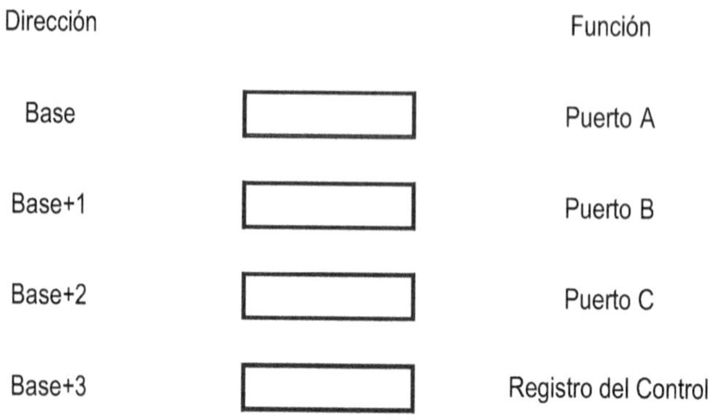

Dirección		Función
Base		Puerto A
Base+1		Puerto B
Base+2		Puerto C
Base+3		Registro del Control

Figura 16-2

Los funciones básicas de estos registros son usualmente tres:

- Estado
- Control
- Datos transferidos

16.3. Palabras de control

Algunos de estos registros, denominados registros de control, permiten configurar los chips (adaptarlos) para diversos fines. Es posible enviar a estos registros "Palabras de control" para setear de determinado modo los bits que existen en cada registro. De este modo se configura el chip.

Para ejemplificar el empleo de una palabra de control supongamos que nuestros tres puertos A, B y C se pueden configurar de otros tantos modos diferentes 0, 1 y 2 y que dichas configuraciones se rigen por una palabra de control de 8 bits según el siguiente esquema.

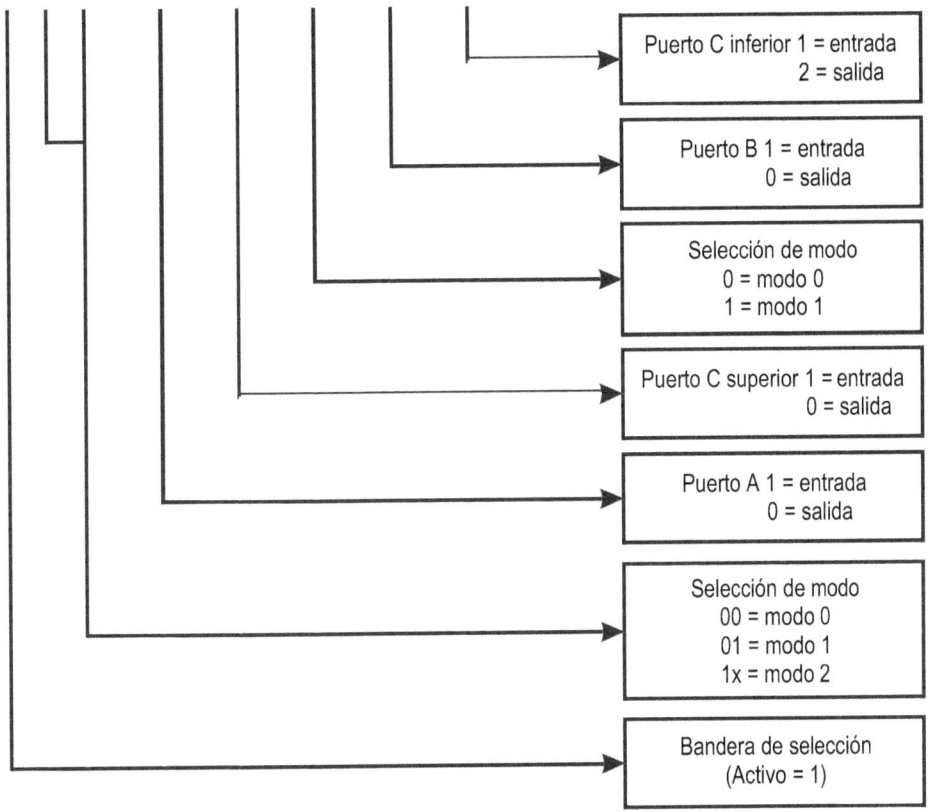

Figura 16-3: Palabra de Control

Estos puertos podrían pertenecer a un controlador (driver) de transmisión de datos y los modos podrían tener por ej. Las funciones siguientes:

Modo 0: Para emplear los puertos A B y C para entrada o salida de datos sin emplear ningún protocolo de comunicación. (sin handshaking)

Modo 1: Para emplear los puertos A y B para entrada o salida de datos y el puerto C para controlar la comunicación (handshaking)

Modo 2: Para emplear los puertos A y B para entrada y salida de datos y el puerto C para controlar la comunicación (handshaking)

Para la descripción eficaz de todas las combinaciones posibles para estos modos suelen emplearse tablas.

16.4. Lectura de puertos

Inicialización y escritura de un puerto. (S.O. DOS)

```
# include <stdio.h>
```

```
# include <conio.h>

main() {
int port = 768;                         // Suponemos estar escribiendo en  port
                                        //    A configurado para salida 0
int control_reg = 771;
int x;
int word = 139;                         // 1  0  0  1  1  0  1  1 / 128  0  0
                                        //    0  8  0  2  1 configura puertos
                                        //    entrada
printf("Ingrese un nro entre 0 y 255");
scanf ("%d", &x);
outp(control_reg,word);                 // Enviamos palabra de control
outp (port,x);                          // Enviamos el dato
}
```

16.4.1. Codificar un generador de onda cuadrada para el puerto 768.

```
# include <stdio.h>
# include <conio.h>
# define ON 1
# define OFF 0

main() {
    int port-A = 768;
    int control_reg = 771;
    int x;
    int word = 139;                     // 1 0 0 0 1 0 1 1 - 128 0 0 0 8 0 2 1
    outp(control_reg,word);             // configuramos
    start:                              // operamos
    outp(port-A,ON);
    outp(port-A,OFF);
goto start;
}
```

Codificar un programa que lea enteros repetidamente y los envie al puerto 768. Ademas debe imprimir los valores enviados en pantalla.

```
# include <stdio.h>
# include <conio.h>

main() {
    int port-A = 768;
    int control_reg = 771;
    int x;
    int word = 139;
outp(control_reg,word);

for (;;) {
    printf("Introducir un nro: ");
    scanf ("%d",&x);
    outp(port-A,x);
    }
}
```

Lectura y escritura de puertos. Codificar un programa que lea el puerto A y lo envie al B cada vez que el valor de A se modifique.

/* Cambiar el valor de configuración a 153 */

```c
# include <stdio.h>
# include <conio.h>

main() {
int port_A = 768;
int port_B = 769;
int control_reg = 771;
int word = 153;                     /* 1 0 0 1 1 0 0 1 debe cambiar a 0 */
int old;
int new;
outp(control_reg,word);

for (;;) {
    old=inp(Port_A);
    printf("A contiene:%d\n ",old);
    outp(port-B,old);
    do {
        new = inp(Port_A);
        } while (new == old);
    }
}
```

Escribir en puerto 768 potencias de dos - Efecto de luces en persecución -

```c
# include <stdio.h>
# include <conio.h>

main() {
int port_A = 768;
int control_reg = 771;
int word = 139;
unsigned int contenido;
int i, k;
outp(control_reg,word);
for (;;) {
    for (i=0;i<=7;i++) {
        contenido=pow(2,i);
        outp(port_A,contenido);
        for (k=0;k<=7;k++) {};            /*  retardo */
    }
}
```

Escribir en una dirección utilizando punteros 255 -> 768. Se utiliza para puertos mapeados en memoria.

```c
# include <stdio.h>
# include <conio.h>

main() {
int *port;
port = (int *) 768;
*port = 255;
}
```

17

Puerto Paralelo

17.1. Introducción

Esta conexión nos brinda el que quizá sea el ejemplo completo mas simple que podamos encontrar sobre comunicación a traves de puertos. El mismo posee tres registros que corresponden precisamente a las tres funciones que podemos esperar del manejo de la comunicación a traves de un puerto. Estos registros y las funciones asociadas corresponden a:

* Control

* Estado

* Datos

Los puertos clásicos empleados bajo el SO DOS son:

	LPT1	LPT2	LPT3
DATO	3BCh	378h	278h
ESTADO	3BDh	379h	279h
CONTROL	3BCh	37Ah	27Ah

El modo de manipular y acceder a los puertos de impresora paso por numerosas etapas en los computadores personales y existen modos muy distintos de acceder a los mismos dependiendo principalmente del SO empleado.

Una variante es emplear funciones que devuelvan los números de puerto. Otra es emplear funciones propias y excluyentes del sistema operativo (Windows NT/2k)

17.2. Registro de estado

Los ocho bits de este registro estan asociados a las siguientes funciones comenzando por el bit mas significativo –MSB-.

BUSY – Impresora ocupada. La impresora requiere un tiempo para procesar el carácter y envía un BUSY inmediatamente luego de un STROBE. El procesador debe esperar la desactivación de BUSY para enviar el carácter siguiente. Trabaja en lógica negativa de modo que al estar seteado es 0.

ACK – Acknowledgment. Confirma la recepción del último carácter. Un 1 significa que la impresora recibió un carácter.

PE - Paper Enable. Usado para detectar si falta papel en cuyo caso PE=0.

SLCT- Select Online- Indica que la impresora se encuentra conectada y lista

ERROR Error de transferencia de datos en la línea, por ejemplo una falla de conexión.

2/1   No usados

0Time out error. Lapso transcurrido para establecer la comunicación a partir del cual se presume que hay un error que la impide.

El siguiente código ejemplifica su uso bajo el sistema DOS.

```
estado = inport(0x379);
while (
    ( ( estado & 0x08 ) == 0 ) ||
    ( ( estado & 0x20 ) != 0 )  ||
    ( ( estado & 0x80 ) == 0 ) ||
    ( ( estado & 0x10 ) == 0 )
)

{
    if ( ( estado & 0x08 ) == 0 ) printf( "Error de transferencia" );
    if ( ( estado & 0x20 ) != 0 )  printf( "Falta papel" );
    if ( ( estado & 0x80 ) == 0 ) printf( "Ocupada" );
    if ( ( estado & 0x10 ) == 0 ) printf( "Desconectada" );
estado = inport(0x379);
}
```

17.3. Registro de control

Los ocho bits de este registro estan asociados a las siguientes funciones comenzando por el bit mas significativo –MSB-.

7/6/5 No usados

4. IRQ Interrupt Request. No esta conectado a los pines de salida. Se activa cuando –ACK = 0. Puede usarse para activar interrupción, aunque no se usa. (Generalmente las impresoras trabajan por "polling" es decir un loop que comprueba la condición)

3. SLCT IN Siempre en 1. Ponerlo a 0 tiene el efecto de poner offline (apagar) la impresora desde el procesador

2. -INIT En 0 envía una orden de reset (reinicializar) a la impresora

1. AUTOFEED Algunas impresoras requieren un retorno de carro adicional que se logra con un LF (Line Feed) despues de un CD

0. -STROBE Al enviar un dato (líneas D0 a D7) a la impresora se pone a cero e inmediatamente (μs) se vuelve a 1 esperando al dato siguiente

Para inicializar la impresora en un programa o para enviar un dato ponemos en el registro de control online (3) y reset (2) en 1.

  outport (0x37A, 0x0c) ;   // STROBE

  outport (**0x378**, dato);   // DATO

17.4. Comunicación a traves del puerto paralelo (nibbles)

El puerto paralelo se puede utilizar como un canal de comunicación de propósito general, sin embargo, al no poder controlar el envío de un byte completo es necesario enviar cada byte separándolo en dos mitades (nibbles) y rearmarlo en el receptor. El procedimiento es por ejemplpo como sigue.

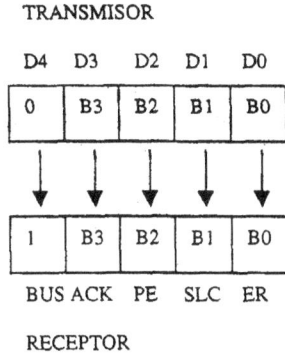

Figura 17-1

Paso 1: El emisor comienza la transferencia de datos con el nibble bajo. Escribe en las líneas B0 a B3 y pone el valor de D4 en cero de modo que el receptor reciba un 1 en la línea busy.

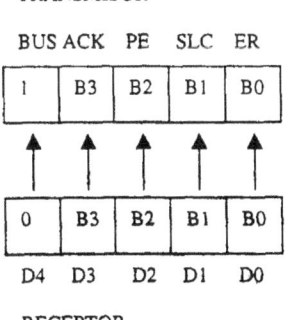

Figura 17-2

Paso 2: El receptor ha esperado que el valor de busy se modifique a 1. Luego escribe el nibble recibido en las líneas B3 B0 para retornarlas al transmisor. Para indicar que ha recibido el nibble, el bit D4 es puesto a cero de modo que el busy del transmisor cambie a 1.

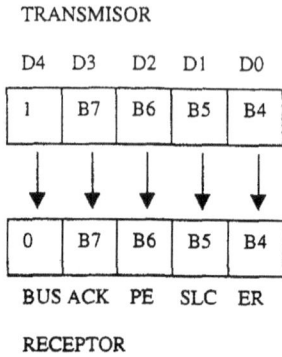

Figura 17-3

Paso 3: El transmisor ha esperado que el bit busy cambie a 1. Ahora puede enviar el nibble alto. Para esto pone D4 en uno lo que hace que el busy del receptor pase a cero y escribe el nibble alto.

El transmisor podría comprobar aqui que no hubo error (si el nibble recibido coincide con el enviado). Sin embargo esto se hace al finalizar el envío del byte completo.

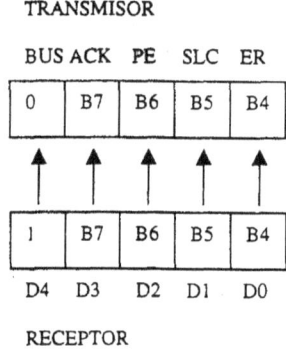

Figura 17-4

Paso 4: Esta vez el receptor ha esperado que el bit busy cambie a cero. El nibble ahora recibido es nuevamente retornado al transmisor para su comprobación y D4 es opuesto a 1. El transmisor encuentra asi su bit de busy puesto a cero.

La transferencia del byte ha quedado completada. El receptor reensambla el byte a partir de los dos nibbles recibidos y el transmisor chequea que no hubo error.

17.5. Uso de librerias en el sistema Windows no basado en DOS (NT/2000)

En estos sistemas el problema es mas complejo y se dispone de un menor acceso a bajo nivel, por lo que si no existen demasiadas exigencias en el software a desarrollar convien emplear librerías que simplifican el uso de los puertos (también lo limitan) permitiendo manjear a los mismos con funciones clásicas (inport, outport, etc.).

18

Puerto Serie

18.1. Introducción

Este capítulo esta referido a la denominada comunicación serie, y en particular a la denominada RS232 y al acceso al puero serie desde los lenguajes C/C++ y compiladores visuales asociados a estos.

Se conoce como interfaz serie de la PC a una conexión basada en una norma desarrollada en 1918 para teletipos. Es posiblemente en su tipo, la norma mas utilizada en el mundo bajo la denominación RS232C de 1969. Especifica las características eléctricas de los circuitos de conexionado entre dos equipos y establece nombres y números para unir los mismos.

18.2. Que son las comunicaciones seriales?

Los computadores y otros dispositivos digitales programables transmiten la información mediante uno o mas bits por vez. Cuando se trata de un sistema serie, se refiere a que el mismo transmite solo un bit cada vez. Las comunicaciones seriales se emplean en la mayoría de los dispositivos de red, terminales, modems y teclados.

Cuando se lleva a cabo una comunicación serial cada byte que se envía o se recibe es enviado de a un bit por vez. Cada bit podrá estar activado o no (on/off). Suele emplearse el término Mark para on y Space para off.

La velocidad de transmisión se expresa en bits por segundo (bps) o Baudios, a lo cual nos referimos mas adelante. (eventualmente se requieren múltiplos kbps o mbps).

18.3. Que es RS232?

RS-232 es como se ha dicho una interfaz eléctrica estandar para comunicaciones seriales. Ha sido definida por la Asociación de Industrias Electrónicas (EIA). Existen variantes (A,B y C) que definen distintos rangos de tensión para los niveles on y off.

La mas común es RS-232C la que define un bit de marca (on) como una tensión entre –3 y –12 Volt., y un bit de espacio (off) como una tensión de entre +3 y +12 Volt.

La norma predice que el alcance del cableado (antes de que la señal se inusable) es del orden de los 8 metros.

18.4. Definiciones de señal

El estandar RS232 define 18 señales diferentes para la comunicación serial. Las mas relevantes son:

GND: Logic Ground. Técnicamente la tierra lógica no es una señal, pero sin ella las demas no son operativas. Básicamente la tierra lógica trabaja como una tensión de referencia de modo que la electrónica puede saber que tensiones son positivas y cuales negativas.

TXD: Transmitted Data. Es la señal que transporta los bits transmitidos desde la computadora hacia otro dispositivo. Una tensión de marca se interpreta como un 1 lógico y el espacio como 0 lógico.

RXD: Received Data. Transporta los bits que recibe la computadora. Las intepretaciones son como en el caso anterior.

DCD: Data Carrier Detect. Una señal de espacio en esta línea indica que la computadora esta conectada correctamente (online). La palabra "carrier" se refiere a la señal "portadora". Se entiende por señal portadora a una señal que de algún modo sirve de base a una codificación de la señal transmitida. Una idea familiar a todos con este concepto la tenemos en los radiorreceptores. (Amplitud modulada y frecuencia modulada).

DTR: Data Terminal Ready. Es enviada (tensión space) al dispositivo en el otro extremo. Informa al otro dispositivo que se esta listo (space) o no. Usualmente es habilitada automáticamente cuando se inicializa la interface serial.

DSR: Data Set Ready. Esta señal es recibida desde el dispositivo en el otro extremo. En rigor significa que el conjunto de caracteres transmitido oportunamente ya ha sido procesado en su totalidad y se esta listo para transmitir nuevos caracteres.

RTS: Request To Send. Es enviada (tensión space) al dispositivo en el otro extremo. La mayoría de los equipos la setean a space en forma permanente. Significa que mas datos estan listos para ser enviados.

CTS: Clear To Send. Esta señal es recibida desde el dispositivo en el otro extremo. Space indica que todo esta correcto en el otro extremo para enviar mas datos al otro extremo.

18.5. Full Duplex y Half Duplex

Full Duplex significa que el computador puede enviar y recibir datos simultáneamente. En este caso hay dos canales separados, uno para enviar y otro para recibir.

Half Duplex significa que el computador no puede enviar y recibir datos simultáneamente. Usualmente esto significa que se emplea un solo canal de transmisión. Si se emplean algunas señales de control como se ve en los próximos párrafos.

18.6. Flow Control

A menudo es necesario regular el flujo de datos al transferir datos entre dos interfaces seriales. Esto puede deberse a limitaciones en una union serial intermedia, una de las interfaces seriales o algún sistema de almacenamiento. Hay dos métodos disponibles.

- Software handshaking

- Hardware handshaking

El primer método emplea caracteres de control (especiales) para comenzar la transmisión (XON o DC1, 021 octal) y para parar (XOFF o DC3, 023 octal) el flujo de datos. Estos caracteres están definidos en el código ASCII. Si bien son útiles para transmitir información textual no pueden ser empleados para transmitir otro tipo de información sin una programación especial.

El segundo método emplea las señales CTS y RTS en lugar de los caracteres especiales. El receptor setea CTS a tensión space cuando esta listo para recibir mas datos y a mark cuando no esta listo. Del mismo modo el transmisor setea RTS cuando esta listo para transmitir. El hardware handshaking es como se ve mas rapido pues no tiene que enviar y procesar bits adicionales.

18.7. Que es un break?

Normalmente una señal de recepción o transmisión permanece en mark hasta que se transmite un nuevo carácter. Si la señal se mantiene en space por un periodo "largo" de tiempo (1/2 o ¼ de segundo) se supone una condición de error y se dice entonces que existe un "Break" en la transmisión.

18.8. Modos De Conexionado

Para prevenir que ambos equipos intenten transmitir simultáneamente por la misma línea estos se dividen en dos equipos bien diferenciados que se denominan respectivamente:

DTE Data terminal equipment   (ej: PC)

DCE Data communication equipment   (ej: Módem)

Por norma RS232 el DTE funciona como maestro y el DCE como esclavo, es decir:

DTE controla a DCE

Al comunicarse por ejemplo, un Módem y una PC, cualquiera de estas puede eventualmente ser DTE o DCE.

El porque de esta diferenciación es que se plantea un sistema en el que cada par de conexiones esta cruzado, esto permite unir dos DCE o dos DTE en forma directa como se ve mas adelante (Null MODEM)

Las formas en que pueden conectarse son las siguientes:

1. Comunicación de una vía: (2 o 3 y 7)

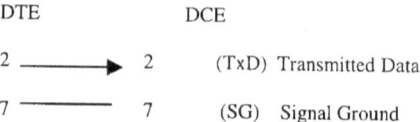

DTE   DCE

2 ⟶ 2   (TxD) Transmitted Data

7 ⟶ 7   (SG) Signal Ground

Figura 18-1 Comunicación de una vía

En este caso solo uno transmite y solo uno recibe. Figura XVIII.1.

2. Comunicación de una vía con doble handshaking DTE a DCE

DTE   DCE

2 ⟶ 2   (TxD)

5 ⟵ 5   (CTS)

6 ⟵ 6   (DSR)

7 ⟶ 7   (SG)

Figura 18-2 Comunicación de una vía con doble handshaking

La tensión en la línea 6 es mantenida positiva para poder enviar la información. Cuando el DCE no puede recibir conmuta a negativo. Se dispone de dos líneas como máximo para este handshaking. Fig. XVIII.2.

3. Comunicación de una vía con handshaking DCE a DTE

DTE   DCE

3 ⟵ 3   (TxD)

4 ⟶ 4   (RQS)

20 ⟶ 20   (DTR)

7 ⟶ 7   (SG)

Figura 18-3 Comunicación de una vía con simple handshaking

También se dispone de dos líneas como máximo para este handshaking. Fig. XVIII.3.

4. Comunicación de 2 vías.

El DTE envía la solicitud de envío (RQS), a lo cual el Modem contesta con un aviso de que esta listo para enviar (CTS). Este Handshaking es básicamente para confirmar la conexión. El DTE agrega el aviso de listo para enviar (DTR), a lo cual el Modem contesta con un aviso de que esta listo para recibir (DSR). DSR significa básicamente que el modem sincronizó su frecuencia para la transmisión.

DTE		DCE	
2	→	2	(TxD) datos
3	←	3	(RxD) datos
4	→		(RQS) handshaking
5	←	5	(CTS) handshaking
6	←	6	(DSR) handshaking
7	—	7	(SG) signal ground
8	←		(CD) carrier detect
20	→	20	(DTR) handshaking
22	←	22	(RI) ring indicator

Figura 18-4

El receptor debe avisar al transmisor que esta listo para recibir. Puede hacerlo enviando una tension positiva por alguna de las líneas de Handshaking (Hardware Handshaking) o enviando un código (Software Handshaking). Cuando el modem termino la transmisión desactiva DTE. En estas condiciones puede recibir datos. El uso que se da a DSR y CTS puede ser algo distinto de lo que sugiere el nombre, y en una conexión simplificada pueden evitarse.

5. Conexión Null Modem o Modem Nulo – DB9

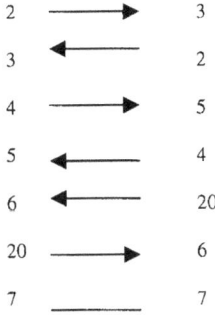

2	→	3
3	←	2
4	→	5
5	←	4
6	←	20
20	→	6
7	—	7

Figura 18-5 Conexión Null Modem

En este caso simplemente se cruzan las señales de transmisión/recepción y handshaking

18.9. Parámetros De Transmisión Y Trama (Frame)

Cada carácter se transmite dentro de un paquete de usualmente diez bits. La configuración general de estos se muestra en la Fig. XVIII.6.

Figura 18-6 Paquete de bits o trama

Start y stop bit:

Para separar los caracteres y sincronizar la transmisión del dato se dispone de un bit de arranque (start bit) y un bit de final (stop bit). Despues de un bit de stop (alto) vendra un bit de start (bajo) el flanco que se produce es detectado para sincronizar la transmisión del carácter. Por eso se dice que la transmisión es síncrona por caracteres.El bit de detención puede ser 1, 1,5 o 2. Si es uno se lo llama como 8N1, 8O1, 7E1, etc.

Paridad:

En relación a los códigos mostrados en la última frase del párrafo anterior (8N1, 8O1, 7E1) tenemos:

   N=NONE, O=ODD, E = EVEN

   8 y 7 bits del carácter y paridad nula o no,

   1 cantidad de stop bit (1, 1.5, 2)

Paridad PAR   =   Cantidad de unos par

Paridad IMPAR   =   Cantidad de unos impar

Número de bits de información:

El carácter se transmite en los 8 bits restantes (paridad nula, sin bit de paridad) o en los 7 primeros de esos 8 restantes (Con bit de paridad).

Velocidad:

   2400   4800   9600   14400   bps.   para Módems

   50000 a 100000+ bps.   para Null Módem

18.10. Transmisión asíncrona

Para que el computador interprete correctamente la señal que ingresa en el, necesita algún método para saber cuando comienza y cuando termina la información de cada paquete. Para esto se emplean como se vio los bits de arranque y detención. Este procedimiento permite entonces que el tiempo transcurrido entre el envío de dos paquetes no sea siempre el mismo y se tiene asi un esquema de transmisión asíncrona. En ciertos casos el tiempo entre bytes transmitidos es conocido y constante y puede entonces transmitirse en modo síncrono.

Existe sin embargo otro requerimiento de sincronismo en la transmisión asíncrona y es el que se refiere a sincronizar el transmisor y el receptor para transmitir cada paquete (para que no ocurra un error por desfasaje como el mostrado en la Fig. XVIII.7.

Se tienen asi los siguientes conceptos:

- Transmisión Asíncrona: Es síncrona por caracteres. Utilizada en la mayoría de las PC's

- Transmisión Síncrona: Transmite un paquete de Bytes.

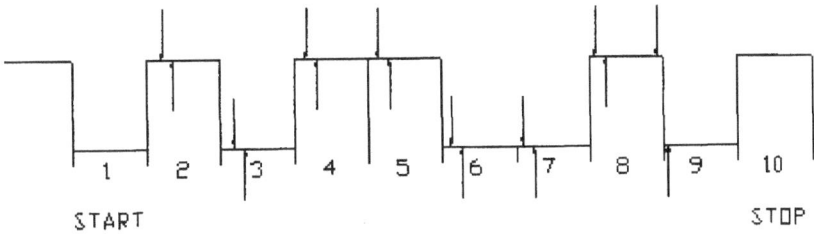

Figura 18-7

18.11. Registros de la UART

Debido a que internamente procesadores y controladores manipulan la información en paralelo a traves de un bus de datos, (por ejemplo los bits de un byte se pueden transferir a traves de ocho lineas en paralelo) para poder transferir un byte es necesario transformar el conjunto de bits en paralelo a una secuencia de bits (serie). Esto podría ser hecho vía software, enviando a la línea de transmisión cada uno de los 8 bits con un retardo con respecto al anteriormente enviado. Por otra parte, si la serie de bits es recibida por otro procesador o controlador, es necesario realizar la operación inversa. (de serie a paralelo).

Actualmente muchos dispositivos disponen de un hardware propio que simplifica esta operación de "serializar" el byte a enviar, liberando al programador de resolver este problema. En el caso de los procesadores de Intel, estos utilizan una tarjeta denominada UART que se ocupa fundamentalmente de recibir los datos en paralelo y entregarlos en serie y viceversa, y tambien dispone de todo lo necesario para operar bajo el estandar RS-232. Por esta razón práctica, es importante conocer en alguna medida la estructura de esta tarjeta y los fundamentos para emplearla.

Básicamente como es usual la placa dispone de un conjunto de registros para poder ser operada. Como se dijo anteriormente básicamente podemos esperar encontrar tres tipos de registros:

- Datos

- Control

- Estado

En este caso hay mas de uno por tipo y se dispone en total de 9 registros. Para mantener el dato de entrada y salida se requerirán dos registros:

- Buffer de entrada

- Buffer de salida

Para conocer el estado de los eventos de la transmisión existen tres mas:

- Estado de la línea

- Estado del módem

- Estado (Habilitación) de las interrupciones

Y finalmente 4 más para controlar el proceso:

- Control de la línea

- Control del módem

- Control (Llamada) de interrupciones

- Control del cerrojo

Los dos primeros registros se emplean simplemente para mantener el byte a enviar y el byte recibido.

18.12. Registros de Control

El control de línea establece los parámetros de la transmisión, y la función de los bits es como sigue.

Bit 0 y 1:	Longitud de la palabra (Word length) LSB y MSB respectivamente
Bit 2:	Cantidad de bits de parada (Stop bits).
Bits 3, 4 y 5	Permiten setear el modo de paridad (none odd even mark space)
Bit 6:	Break
Bit 7:	Este bit es conocido como el bit de acceso al cerrojo del divisor (divisor acces latches bit). Permite que los registros de transmisión cumplan eventualmente otra función, que es la de permitir fijar la frecuencia de transmisión. Esto se hace por lo general únicamente al comenzar la transmisión y luego los registros de transmisión siguen funcionando como tales.

Ejemplo

Conociendo el código del control de línea –el cual se describe a continuación- encontrar el byte que corresponde al modo 8O1

0 Word length LSB 00=5   01=6

1 Word length MSB 10=7   11=8

2 Stop bits 0=1, 1=2

3 (5 4 3) 000 ninguno 001 impar 011 par 101 mark 111 space

4

5

6 Break 0 = off 1= on

7 Divisor Access Latch Bit (DLAB)

Solución:

MSB   1 0 001 0 11   LSB

El control de módem controla el handshaking que se envía al módem.

0 DTR

1 RTS

2, 3, 4, 5, 6, 7, no demasiado relevantes

El control del cerrojo establece la frecuencia de transmisión.

El reloj de la UART tiene una frecuencia de 1.8432 Mhz., la cual se divide en forma fija por 16, con lo que se logra una velocidad máxima de transmisión de 115200 Baudios. Mediante dos registros se asigna la velocidad DLL (Divisor Latch Less Significant) y DLM (Divisor Latch Most Significant).

Ejemplo: Calcular como deben setearse DLL y DLM para transmitir a 9600 baudios.

Mhz / 16 * x = 9600

115200 / x = 9600

x = 12   12 d = 000C h

El control de interrupciones habilitadas:

Si están habilitadas las interrupciones -Recordar enable() y disable()- este registro dice que eventos deben causar interrupción.

Dato disponible (Recibido)

Registro de transmisión vacío

Error o break

Cambio de alguna entrada de la RS232

Los demas en cero

18.13. Registros de Estado

El estado de módem:

Usado para consultar el estado del handshaking del módem, si es del módem, necesariamente debe incluir RI y CD + CTS y DSR. Además informa si alguna de estas señales ha cambiado de estado.

0 delta CTS

1 delta DSR

2 delta RI

3 delta CD

4 CTS

5 DSR

6 RI

7 CD

El estado de la línea

Contiene fundamentalmente los avisos de error, break y THR/TSR.

0-DR Data ready: Un carácter se ha recibido y ubicado en el receive buffer register

1-OE Overrun error: Un segundo carácter recibido ha sobreescrito al anterior antes de que se lo leyera

2-PE Parity error: Un error de paridad en el carácter recibido

3-FE Framing error: No se detectó el stop bit

4-BI Break Interrupt detection: Se recibió un break

5-THRE Transmitter Holding Register Empty. La UART esta lista para recibir un nuevo carácter a transmitir

6-TSRE Transmitter Shift Register Empty. La UART no esta transmitiendo un carácter en este momento.

7- Siempre en cero

18.14. Codificación de comunicación via UART Full dúplex (Programación directa)

Puertas UART   COM1: 0x3F8   COM2: 0x2F8

Ubicación de los registros de la UART:

Recepción

Transmisión

Div. Latch LSB   dirección base, port_ads en sercom.h

```
Enable interrupt      +1
Latch MSB             +1
Interupciones         +2
Line control          +3
Modem control         +4
Line status           +5
Modem status          +6

#include <dos.h>
#include <stdio.h>
#include <stdlib.h>
#include <conio.h>
#include <string>
#include "sercom.h"

main() {
  outportb(REG_MCONT, MCONT_DTR, MCONT_RTS);       // Levanta DTR y RTS
  outportb(REG_LCONT, 139);//10001011 Escribe 8o1 en UART(128+11)DLATCH
  //Si DLATCH = 1 operaciones de i/o al cerrojo si no a interrupt enable
  outportb(port_ads, 0x0C);                // Escribe velocidad 12d LSB
  outportb(port_ads + 1, 0x00);                // Escribe velocidad MSB
  estado =inportb(REG_LCONT); // Dirige la escritura a puerta de salida
  // Desactiva habilitador LATCH dejando intacto el resto de bits
  estado =estado & 127;
  outportb(REG_LCONT, estado);
  transmite = `\';

do {
    while (!kbhit()) {              // Lee estado mientras no se transmite
        estado =inportb(REG_LSTAT);
// si recibio un byte lo lee si bit 0 de estado esta en 1
        if (estado & 1) recibe = inportb(port_ads);
    }

    transmite = (char) getch();                //Lee el char que dejo KBHIT()

    do {estado =inportb(REG_LSTAT);
    // Espera a que el buffer de transmisión este vacío
        } while ((estado & 96)  != 96);
    // 32 + 64 =>  THR no tiene byte a transmitir
    // TSR no esta transmitiendo
    outport (port_ads, transmite);
    } while (transmite != 26)              // Ctrl-Z

    }
```

18.15. Handshaking bajo BIOS

El funcionamiento aqui es extraño por varias razones y por este motivo se utiliza poco en desarrollo de software bajo DOS y BIOS para RS232.

Set Parameter Function: No setea las señales de Handshaking

Receive Caracter Function: Pone DTR on y RTS off

Transmit Caracter Function: Pone DTR y RTS en on y espera por DSR y CTS para enviar.

1) Es decir que la función de transmisión espera por dos y la recepción envia uno, por lo que para conectar dos PC hay que unir RTS a DTR.

2) Al final de la comunicación no se pueden desactivar las señales por lo que debe asegurarse de otro modo la interrupción de la comunicación telefónica. (La factura seria elevadísima).

3) Existen otros problemas similares.

Se recomienda para iniciar la secuencia:

Setear parámetros

Llamar inicialmente una vez a Receive Character aunque no haya caracteres.

Esto se soluciona utilizando programación directa a través de la UART.

Algunos compiladores también disponen de una función llamada bios_serial_com()   (MS y BORLAND)

18.16. Función bios_serialcom

unsigned bios_serialcom (unsigned service, unsigned serial_port, unsigned data)

Significado de los parámetros:

Service:	_COM_INIT	Setea los parámetros (baudios etc)
	_COM_SEND	Transmite un caracter
	_COM_RECEIVE	Recibe un caracter
	_COM_STATUS	Retorna el estado del puerto

Serial_port: 0 para COM1, 1 para COM2 etc.

Data: Representa los parametros si el servicio es _COM_INIT o el caracter a transmitir

Especificación de parámetros de comunicación:

Estan en bios.h y son:

```
_COM_CHR7                              7 bits de dato
_COM_CHR8
_COM_STOP1
_COM_STOP2
_NO_PARITY
_COM_EVENPARITY
_COM_ODDPARITY
_COM_110/150/                        ......../ 9600
```

Ejercicio: *Escribir la función con sus parámetros para 2400, 8N.* (Para crear un valor compuesto simplemente se unen con OR)

```
_bios_serialcom
(_COM_INIT, 0, _COM_2400 | _COM_STOP1 | _COM_CHR8 | _COM_NOPARITY)
```

Ejemplo: *Codificar un programa para bajar un archivo de otra PC usando _bios_serialcom*

```c
#include <stdio.h>
#include <bios.h>

main() {
    FILE *f;
    unsigned char c;
    int rdo, status;
    f = fopen("captura","w");
    _bios_serialcom (_COM_INIT, 0, _COM_2400 | _COM_STOP1 | _COM_CHR8 |
                     _COM_NOPARITY);

    for(;;) {
        if (kbhit) if (getch() == 27) break;
        status =  _bios_serialcom (_COM_STATUS, 0, 0);
        if (!(status & 256) ) continue;      // bit cero on, DATA READY
        c = (unsigned char)  _bios_serialcom (_COM_RECEIVE, 0, 0);
        if (c == 26) break;                   // termina con CTRL-Z
        fputc(c,f);
    }

    fclose(f);
    return(0);
}
```

18.17. Funciones Windows API para comunicación serial

En primer término se detallan las siguientes funciones y variables que pueden emplearse, y en algún caso la secuencia con que deben usarse:

```c
char RdBuffer[15], TxBuffer[15];        // Definición de buffers de e/s
DWORD nBuffer;                   // Puntero a datos a leer o escribir

DCB dcb;
// Struct DCB definida en API contiene las variables de configuración //
de port

// Se lee la configuración actual para obtener los valores de dcb
fsuccess = GetCommState(HandlePort,&dcb);
if (¡fsuccess) {  avisar_error...  }

dcb.BaudRate        =   19200;           //Se setea la  configuración
deseada
dcb.ByteSize        =   8;
dcb.Parity      =   NOPARITY;
dcb.StopBits        =   ONESTOPBIT;

fsuccess = SetCommState(HandlePort,&dcb);           // Se setea el puerto
if (¡fsuccess) {  avisar_error...  }

SetupComm( HandlePort, 1024, 1024);
// Activación de port. Buffers de e/s 1024 Byte
```

```
// nBuffer va acumulando los bits leidos o escritos hasta ser igual a //
Rd/TxBuffer
ReadFile(HandlePort, &RdBuffer, 10, &nBuffer, NULL);

WriteFile(HandlePort, &TxBuffer, strlen(TxBuffer), &nBuffer, NULL);

CloseHandle(HandlePort);                  // Liberar el puerto
// El timeout puede setearse con la función SETCOMMTIMEOUTS
```

El siguiente código muestra el manejo serial bajo Windows, ejemplificado para un componente Button de Builder C/C++.

```
void_fastcall TForm1::SerialTestClick(TObject *Sender){
    Set_serial_params();
    Open_Serial_Port();
    for (i=0;i<15;i++) TxBuffer[i]='1';
    WriteFile(HandlePort, &TxBuffer, strlen(TxBuffer), &nBuffer, NULL);
    CloseHandle(HandlePort);
}

void Open_Serial_Port() {
    HandlePort=
    CreateFile("COM1",GENERIC_READ/GENERIC_WRITE,0,NULL,
               _EXISTING,0,NULL);
    if (HandlePort==INVALID_HANDLE_VALUE) { dwError = GetLastError(); }
    fsuccess = GetCommState(HandlePort,&dcb);
    f (!fsuccess) ShowMessage("Error al leer estado serial");
        else  ShowMessage("Lectura estado serial OK");

Set_serial_params();
fsuccess = SetCommState(HandlePort,&dcb);

if (!fsuccess) ShowMessage("Error al setear estado serial");
    else  ShowMessage("Seteando parametros serial OK");
    ShowMessage("Activando el serial");
    SetupComm( HandlePort, 1024, 1024);
    // Activacion de puerto.i/o buff 1024
}

void Wait_Start_Comm_Signal() {
// espera código de inicio
ReadFile(HandlePort, &RdBuffer, 10, &nBuffer, NULL);
while (RdBuffer != 0x00) ReadFile(HandlePort, &RdBuffer, 10, &nBuffer,
NULL);
}

void Set_serial_params(){
    dcb.BaudRate  = 9600;
    dcb.ByteSize  = 8;
    dcb.Parity       = NOPARITY;
    dcb.StopBits  = ONESTOPBIT;
}
```

A continuación otro ejemplo empleando directamente WinMain().

```
#include <vcl\dialogs.hpp>
#include <windows.h>

WINAPI WinMain(HINSTANCE, HINSTANCE, LPSTR, int) {
```

```
 char RdBuffer[15], TxBuffer[15];   // buffers de lectura/escritura
 DWORD nBuffer;                      // Puntero a datos a leer o escribir
//nBuffer va acumulando los bits leidos o escritos hasta ser = a Rd / //
TxBuffer
 DWORD dwError;
 HANDLE HandlePort;
 DCB dcb;
// Struct DCB definida en API contiene variables de configuración de //
puerto
 int fsuccess, i;

 for (i=0;i<15;i++) { TxBuffer[i]='a'; }

 HandlePort=CreateFile("COM1",GENERIC_READ/GENERIC_WRITE,0,NULL,
                                OPEN_EXISTING,0,NULL);
// If (HandlePort==INVALID_HANDLE_VALUE){ dwError =  GetLastError();}
// lee configuración obtiene dcb
fsuccess = GetCommState(HandlePort,&dcb);
// if (¡fsuccess) {  avisar_error...  }
 dcb.BaudRate    =    19200;     // Se setea la configuración deseada
 dcb.ByteSize    =    8;
 dcb.Parity      =    NOPARITY;
 dcb.StopBits    =    ONESTOPBIT;

 fsuccess = SetCommState(HandlePort,&dcb);      // Se setea el puerto
// if (!fsuccess) {  avisar_error...  }
    SetupComm( HandlePort, 1024, 1024);        // Activación de puerto
    ReadFile(HandlePort, &RdBuffer, 10, &nBuffer, NULL);
    WriteFile(HandlePort, &TxBuffer, strlen(TxBuffer), &nBuffer, NULL);
    CloseHandle(HandlePort);
 }
```

La presente edición de *Elementos de Programación en C/C++* se terminó de imprimir en la ciudad de Córdoba, Argentina, en el mes de Agosto del 2020.

Impreso en Córdoba - Argentina
por Editorial Universitas